ABSTRACT

This reference manual provides a list of approximately 300 technical terms and phrases common to Environmental Engineering, which non-English speakers often find difficult to understand in English. The manual provides the terms and phrases in alphabetical order, followed by a concise English definition, then a translation of the term in Italian and, finally, an interpretation or translation of the term or phrase in Italian. Following the Italian translations section, the columns are reversed and reordered alphabetically in Italian with the English term and translation following the Italian term or phrase. The objective is to provide a Technical Term Reference manual for non-English speaking students and engineers who are familiar with Italian, but uncomfortable with English and to provide a similar reference for English speaking students and engineers working in an area of the world where the Italian language predominates.

KEYWORDS

English to Italian translator, Italian to English translator, technical term translator, translator

CONTENTS

ACKNOWLEDGMENTS   ix

1   INTRODUCTION   1

2   HOW TO USE THIS BOOK   3

3   ENGLISH TO ITALIAN   5

4   ITALIAN TO ENGLISH   49

REFERENCES   93

ACKNOWLEDGMENTS

The assistance with verification of the various translations provided by Enrico Cantoni, PhD student at MIT, Cambridge (USA) is greatly appreciated and gratefully acknowledged.

CHAPTER 1

INTRODUCTION

It is axiomatic that foreign students in any country in the world, and students who may be native to a country, but whose heritage may be from a different country, will often have difficulty understanding technical terms that are heard in the nonprimary language. When English is the second language, students often are excellent communicators in English, but lack the experience of hearing the technical terms and phrases of Environmental Engineering, and therefore have difficulty keeping up with lectures and reading in English.

Similarly, when a student with English as their first language enters another country to study, the classes are often in the second language relative to the student. These English-speaking students will have the same difficulty in the second language as those students from the foreign background have with English terms and phrases.

This book is designed to provide a mechanism for the student who uses English as a second language, but who is technically competent in the Italian language, and for the student who uses English as their first language and Italian as their second language, to be able to understand the technical terms and phrases of Environmental Engineering in either language quickly and efficiently.

CHAPTER 2

How to Use This Book

This book is divided into two parts. Each part provides the same list of approximately 300 technical terms and phrases common to Environmental Engineering. In the first section, the terms and phrases are listed alphabetically, in English, in the first (left-most) column. The definition of each term or phrase is then provided, in English, in the second column. The third column provides an Italian translation or interpretation (where direct translation is not reasonable or possible) of the English term or phrase. The fourth column provides the Italian definition or translation of the term or phrase.

The second part of the book reverses the four columns so that the same technical terms and phrases from the first part are alphabetized in Italian in the first column, with the Italian definition or interpretation in the second column. The third column then provides the English term or phrase and the fourth column provides the English definition of the term or phrase.

Any technical term or phrase listed can be found alphabetically by the English spelling in the first part or by the Italian spelling in the second part. The term or phrase is thus looked up in either section for a full definition of the term, and the spelling of the term in both languages.

CHAPTER 3

ENGLISH TO ITALIAN

English	English	Italian	Italian
AA	Atomic Absorption Spectrophotometer; an instrument to test for specific metals in soils and liquids.	AA	Spettrofotometro di assorbimento atomico; strumento usato per verificare la presenza di specifici metalli in campioni solidi o liquidi.
Activated Sludge	A process for treating sewage and industrial wastewaters using air and a biological floc composed of bacteria and protozoa.	Fanghi Attivi	Processo di depurazione delle acque reflue e reflue industriali attraverso l'uso di aria e schiume biologiche composte da batteri e protozoi.
Adiabatic	Relating to or denoting a process or condition in which heat does not enter or leave the system concerned during a period of study.	Adiabatico	Dicesi di una condizione o trasformazione fisica di un sistema termodinamico caratterizzata dall'assenza di scambi di calore con l'ambiente circostante.
Adiabatic Process	A thermodynamic process that occurs without transfer of heat or matter between a system and its surroundings.	Processo Adiabatico	Un processo termodinamico privo di scambi di calore o materia tra il sistema in esame e l'ambiente circostante.
Aerobe	A type of organism that requires Oxygen to propagate.	Aerobio	Un tipo di organismo che necessita di ossigeno per moltiplicarsi.
Aerobic	Relating to, involving, or requiring free oxygen.	Aerobico	Che riguarda, coinvolge o richiede consumo di ossigeno.
Aerodynamic	Having a shape that reduces the drag from air, water or any other fluid moving past an object.	Aerodinamico	Avente forma che riduce la resistenza all'aria, acqua o altro fluido.

English	English	Italian	Italian
Aerophyte	An Epiphyte.	Aerofita	Una pianta epifite.
Aesthetics	The study of beauty and taste, and the interpretation of works of art and art movements.	Estetica	Lo studio della bellezza e del gusto e l'interpretazione delle opere d'arte e dei movimenti artistici.
Agglomeration	The coming together of dissolved particles in water or wastewater into suspended particles large enough to be flocculated into settlable solids.	Agglomerazione	Processo di aggregazione delle particelle dissolte nell'acqua o nelle acque reflue in particelle grandi abbastanza da essere flocculate in solidi sedimentabili.
Air Plant	An Epiphyte.	Pianta Aerea	Una pianta Epifite.
Allotrope	A chemical element that can exist in two or more different forms, in the same physical state, but with different structural modifications.	Allotropo	Elemento chimico che, nello stesso stato fisico, può esistere in due o più forme ma con diverse strutture chimiche.
AMO (Atlantic Multidecadal Oscillation)	An ocean current that is thought to affect the sea surface temperature of the North Atlantic Ocean based on different modes and on different multidecadal timescales.	AMO (Oscillazione Multidecennale Atlantica)	Corrente oceanica che si ipotizza influenzi la temperatura superficiale dell'Oceano Atlantico secondo cicli di intensità e durata multidecennale variabili.
Amount Concentration	Molarity	Concentrazione di Quantità di Sostanza	Molarità
Amount vs. Concentration	An amount is a measure of a mass of something, such as 5 mg of sodium. A concentration relates the mass of solute to a volume of solvent, typically water; for example: mg/L of Sodium per liter of water, or mg/L.	Quantità vs. Concentrazione	La quantità è una misura di massa di qualcosa; per esempio, 5mg di sodio. La concentrazione indica il rapporto tra la massa di un soluto e il volume totale della soluzione in cui esso è disciolto, tipicamente acqua; per esempio, mg di sodio per litro di acqua (mg/L).
Amphoterism	When a molecule or ion can react both as an acid and as a base.	Anfotero	Molecola o ione che può reagire sia come acido sia come base.
Anaerobe	A type of organism that does not require Oxygen to propagate, but can use nitrogen, sulfates, and other compounds for that purpose.	Anaerobo	Un tipo di organismo che non necessita di ossigeno per moltiplicarsi e che, per questo scopo, può usare azoto, solfati o altri composti.

English	English	Italian	Italian
Anaerobic	Related to organisms that do not require free oxygen for respiration or life. These organisms typically utilize nitrogen, iron, or some other metals for metabolism and growth.	Anaerobico	Detto di un organismo che non necessita di ossigeno libero per respirare o vivere. Il metabolismo e la crescita di questi organismi si basano tipicamente sull'azoto, ferro o altri metalli.
Anaerobic Membrane Bioreactor	A high-rate anaerobic wastewater treatment process that uses a membrane barrier to perform the gas-liquid-solids separation and reactor biomass retention functions.	Bioreattore a Membrana Anaerobico	Processo di trattamento delle acque reflue che utilizza una membrana per svolgere le funzioni di separarazione di gas, liquidi e solidi e di ritenzione della biomassa.
Anammox	An abbreviation for "Anaerobic AMMonium OXidation", an important microbial process of the nitrogen cycle; also the trademarked name for an anammox-based ammonium removal technology.	Anammox	Acronimo di ANaerobic AMMonium OXidation; un importante processo microbico del ciclo dell'azoto, nonché marchio registrato di una tecnologia di rimozione dell'ammonio basata sull'annamox.
Anion	A negatively charged ion.	Anione	Uno ione a carica negativa.
AnMBR	Anaerobic Membrane Bioreactor	AnMBR	Bioreattore a Membrana Anaerobico
Anoxic	The total depletion of oxygen; generally distinguished from "anaerobic" which describes bacteria that live in an anoxic environment.	Anossico	Caratterizzato dalla totale assenza di ossigeno, tipicamente associato all'acqua. Diverso da "anaerobico", che si riferisce a batteri che vivono in un ambiente anossico.
Anthropodenial	The denial of anthropogenic characteristics in humans.	Antroponegazione	Negazione delle caratteristiche antropogeniche negli esseri umani.
Anthropogenic	Caused by human activity.	Antropogenico	Causato dall'attività umana.
Anthropology	The study of human life and history.	Antropologia	Lo studio della vita e della storia umana.
Anthropomorphism	The attribution of human characteristics or behavior to a non-human object, such as an animal.	Antropomorfismo	L'attribuzione di caratteristiche o comportamenti umani a esseri o cose non umane, come per esempio un animale.

English	English	Italian	Italian
Anticline	A type of geologic fold that is an arch-like shape of layered rock which has its oldest layers at its core.	Anticlinale	Una piega geologica a forma di arco in cui gli strati rocciosi più antichi sono concentrati nel nucleo.
AO (Arctic Oscillations)	An index (which varies over time with no particular periodicity) of the dominant pattern of non-seasonal sea-level pressure variations north of 20N latitude, characterized by pressure anomalies of one sign in the Arctic with the opposite anomalies centered about 37–45N.	Oscillazione Artica	Un indice descrittivo (variabile nel corso del tempo e senza particolari periodicità) dei principali cambiamenti non stagionali del livello del mare a nord del 20° parallelo nord, caratterizzato da anomalie di pressione all'artico e anomalie di pressione di segno opposto centrate tra il 37° ed il 45° parallelo nord.
Aquifer	A unit of rock or an unconsolidated soil deposit that can yield a usable quantity of water.	Acquifero	Uno strato impermeabile di roccia o di suolo non consolidato che può accumulare una quantità di acqua sfruttabile in qualche modo.
Autotrophic Organism	A typically microscopic plant capable of synthesizing its own food from simple organic substances.	Organismo Autotrofo	Una pianta tipicamente microscopica che sintetizza il proprio nutrimento da sostanze organiche semplici.
Bacterium(a)	A unicellular microorganism that has cell walls, but lacks organelles and an organized nucleus, including some that can cause disease.	Batterio (plurale Batteri)	Un microrganismo unicellulare, in alcuni casi patogeno, dotato di pareti cellulari ma privo di organuli e di un nucleo organizzato.
Benthic	An adjective describing sediments and soils beneath a water body where various "benthic" organisms live.	Bentonico	Un aggettivo che descrive il suolo e i sedimenti subacquei dove vivono vari organismi "bentonici".
Biochar	Charcoal used as a soil supplement.	Biochar	Un carbone utilizzato come fertilizzante del terreno.
Biochemical	Related to the biologically driven chemical processes occurring in living organisms.	Biochimico	Legato ai processi chimici di origine biologica che avvengono negli organismi viventi.

English	English	Italian	Italian
Biofilm	Any group of microorganisms in which cells stick to each other on a surface, such as on the surface of the media in a trickling filter or the biological slime on a slow sand filter.	Biofilm	Qualsiasi gruppo di microrganismi le cui cellule si mantengono unite l'una all'altra aderendo a una superficie, come avviene per esempio sulla pellicola di un filtro percolatore o nella melma biologica su un filtro a sabbia a lenta filtrazione.
Biofilter	See: Trickling Filter	Biopellicola	Vedi: Biofilm
Biofiltration	A pollution control technique using living material to capture and biologically degrade process pollutants.	Biofiltrazione	Tecnica di controllo dell'inquinamento basata su organismi viventi che catturano e degradano biologicamente i materiali inquinanti.
Bioflocculation	The clumping together of fine, dispersed organic particles by the action of specific bacteria and algae, often resulting in faster and more complete settling of organic solids in wastewater.	Bioflocculazione	Il raggruppamento di sostanze organiche fini in aggregati di maggiori dimensioni attraverso l'azione di specifici batteri e alghe. In molti casi, la bioflocculazione consente una sedimentazione più rapida e completa dei solidi organici presenti nelle acque reflue.
Biofuel	A fuel produced through current biological processes, such as anaerobic digestion of organic matter, rather than being produced by geological processes such as fossil fuels, such as coal and petroleum.	Biocombustibile	Combustibile ottenuto attraverso processi biologici, come la digestione anaerobica di biomasse, anziché processi geologici che caratterizzano invece la produzione di combustibili fossili, come il carbone e il petrolio.
Biomass	Organic matter derived from living, or recently living, organisms.	Biomassa	Materia organica derivante da organismi viventi o morti da poco.
Bioreactor	A tank, vessel, pond or lagoon in which a biological process is being performed, usually associated with water or wastewater treatment or purification.	Bioreattore	Una cisterna, contenitore o stagno in cui si effettua un processo biologico, solitamente associato al trattamento delle acque reflue o alla purificazione dell'acqua.

English	English	Italian	Italian
Biorecro	A proprietary process that removes CO_2 from the atmosphere and store it permanently below ground.	Biorecro	Un processo brevettato per rimuovere CO_2 dall'atmosfera e stoccarla permanentemente sotto terra.
Biotransformation	The biologically driven chemical alteration of compounds such as nutrients, amino acids, toxins, and drugs in a wastewater treatment process.	Biotrasformazione	Trasformazione chimica dal punto di vista biologico di composti chimici come gli elementi nutritivi, gli amminoacidi, le tossine e i farmaci, che ha luogo durante il trattamento delle acque reflue.
Black water	Sewage or other wastewater contaminated with human wastes.	Acque Nere	Acque di fognatura o altre acque reflue contaminate da rifiuti di origine umana come materia fecale e urina.
BOD	Biological Oxygen Demand; a measure of the strength of organic contaminants in water.	BOD	Richiesta Biochimica di Ossigeno; una misura della concentrazione di contaminanti organici nell'acqua.
Bog	A bog is a domed-shaped land form, higher than the surrounding landscape, and obtaining most of its water from rainfall.	Sfagneto	Uno sfagneto (o torbiera alta) è un terreno naturale a forma di cupola, elevato rispetto al terreno circostante, che è alimentato prevalentemente da acque meteoriche.
Breakpoint Chlorination	A method for determining the minimum concentration of chlorine needed in a water supply to overcome chemical demands so that additional chlorine will be available for disinfection of the water.	Punto di Rottura nella Clorazione	Metodo per determinare la minima concentrazione di cloro necessaria in una fonte d'acqua per soddisfarne la domanda chimica di cloro in modo che il cloro supplementare sia disponibile per la disinfezione dell'acqua.
Buffering	An aqueous solution consisting of a mixture of a weak acid and its conjugate base, or a weak base and its conjugate acid. The pH of the solution changes very little	Soluzione Tampone	Soluzione acquosa composta dalla combinazione di un acido debole con la sua base coniugata, o da una base debole con il suo acido coniugato. Il pH della soluzione

English	English	Italian	Italian
	when a small or moderate amount of strong acid or base is added to it and thus it is used to prevent changes in the pH of a solution. Buffer solutions are used as a means of keeping pH at a nearly constant value in a wide variety of chemical applications.		cambia minimamente quando vi si aggiungono moderate quantità di acidi o basi forti. Per questo motivo, le soluzioni tempone vengono spesso aggiunte ad altre soluzioni per mantenerne il pH a valori quasi costanti.
Cairn	A human-made pile (or stack) of stones typically used as trail markers in many parts of the world, in uplands, on moorland, on mountaintops, near waterways and on sea cliffs, as well as in barren deserts and tundra.	Cairn	Mucchio (o pila) di pietre fatto dall'uomo usato in molte parti del mondo per segnalare sentieri sugli altipiani, nelle brughiere, nel deserto, nella tundra, nonché in prossimità di vette alpine, corsi d'acqua e scogliere.
Capillarity	The tendency of a liquid in a capillary tube or absorbent material to rise or fall as a result of surface tension.	Capillarità	La tendenza di un liquido in un tubo capillare o in un materiale assorbente ad aumentare o diminuire di livello a causa della tensione superficiale.
Carbon Nanotube	See: Nanotube	Nanotubo di Carbonio	Vedi: Nanotubo
Carbon Neutral	A condition in which the net amount of carbon dioxide or other carbon compounds emitted into the atmosphere or otherwise used during a process or action is balanced by actions taken, usually simultaneously, to reduce or offset those emissions or uses.	A Zero Emissioni	Una condizione in cui la quantità netta di anidride carbonica, o di altri composti del carbonio, emessi in atmosfera o utilizzati nel corso di un processo o attività, è bilanciata da azioni intraprese, in genere nello stesso tempo, per ridurre o compensare tali emissioni o usi.
Catalysis	The change, usually an increase, in the rate of a chemical reaction due to the participation of an additional substance, called a catalyst, which does not take part in the reaction but changes the rate of the reaction.	Catalisi	Il cambiamento, di solito positivo, nella velocità di una reazione chimica grazie alla presenza di una sostanza aggiuntiva, detta catalizzatore, che non prende parte alla reazione, ma che ne cambia la velocità.

English	English	Italian	Italian
Catalyst	A substance that cause Catalysis by changing the rate of a chemical reaction without being consumed during the reaction.	Catalizzatore	Una sostanza che causa la catalisi modificando la velocità di una reazione chimica senza essere consumata nel corso della reazione.
Cation	A positively charged ion.	Catione	Uno ione a carica positiva.
Cavitation	Cavitation is the formation of vapor cavities, or small bubbles, in a liquid as a consequence of forces acting upon the liquid. It usually occurs when a liquid is subjected to rapid changes of pressure, such as on the back side of a pump vane, that cause the formation of cavities where the pressure is relatively low.	Cavitazione	Nei liquidi, la cavitazione è la formazione di zone di vapore, o piccole bolle di vapore, a causa dell'-azione di forze su di esso. Si verifica di solito quando un liquido è sottoposto a rapidi cambiamenti di pressione, come sul lato posteriore delle lame di una pompa centrifuga, dove si formano cavità di bassa pressione locale.
Centrifugal Force	A term in Newtonian mechanics used to refer to an inertial force directed away from the axis of rotation that appears to act on all objects when viewed in a rotating reference frame.	Forza Centrifuga	Termine usato in meccanica newtoniana per riferirsi a una forza vettoriale che tende ad allontanare radialmente rispetto all'asse di rotazione tutti gli oggetti in un sistema di riferimento solidale alla forza. È una forza apparente che sembra esistere nel sistema di riferimento non inerziale del corpo in movimento.
Centripetal Force	A force that makes a body follow a curved path. Its direction is always at a right angle to the motion of the body and towards the instantaneous center of curvature of the path. Isaac Newton described it as "a force by which bodies are drawn or impelled, or in any way tend, towards a point as to a centre."	Forza Centripeta	È la forza che porta un corpo a seguire una traiettoria curvilinea o circolare. La direzione della forza centripeta è sempre ortogonale al moto del corpo e rivolta verso il centro di rotazione istantanea della traiettoria. Isaac Newton descrive la forza centripeta come "la forza per effetto della quale i corpi sono attratti, spinti, o comunque tendono verso un qualche punto come verso un centro".

English	English	Italian	Italian
Chelants	A chemical compound in the form of a heterocyclic ring, containing a metal ion attached by coordinate bonds to at least two nonmetal ions.	Chelante	Un composto chimico rappresentato da un anello eterociclico contenente uno ione metallico legato ad almeno due ioni non metallici attraverso un legame coordinativo.
Chelate	A compound containing a ligand (typically organic) bonded to a central metal atom at two or more points.	Chelato	Un composto contenente un legante (tipicamente organico) legato in due o più punti a un atomo metallico centrale.
Chelating Agents	Chelating agents are chemicals or chemical compounds that react with heavy metals, rearranging their chemical composition and improving their likelihood of bonding with other metals, nutrients, or substances. When this happens, the metal that remains is known as a "chelate."	Agenti Chelanti	Gli agenti chelanti sono sostanze o composti chimici che reagiscono con i metalli pesanti, riordinandone la composizione chimica e migliorandone la propensione a legare con altri metalli, nutrienti o sostanze. Quando questi legami si verificano, il metallo che ne risulta si chiama "chelato".
Chelation	A type of bonding of ions and molecules to metal ions that involves the formation or presence of two or more separate coordinate bonds between a polydentate (multiple bonded) ligand and a single central atom; usually an organic compound.	Chelazione	Una reazione chimica che lega ioni e molecole con ioni metallici e che comporta la formazione o la presenza di due o più legami coordinativi tra un legante polidentato (con legami multipli) e un singolo atomo centrale; trattasi solitamente di un composto organico.
Chelators	A binding agent that suppresses chemical activity by forming chelates.	Chelatore	Un agente legante che sopprime l'attività chimica attraverso la formazione di chelati.
Chemical Oxidation	The loss of electrons by a molecule, atom or ion during a chemical reaction.	Ossidazione Chimica	La perdita di elettroni da parte di una molecola, un atomo o uno ione nel corso di una reazione chimica.
Chemical Reduction	The gain of electrons by a molecule, atom or ion during a chemical reaction.	Riduzione Chimica	L'acquisto di elettroni da parte di una molecola, un atomo o uno ione nel corso di una reazione chimica.

English	English	Italian	Italian
Chlorination	The act of adding chlorine to water or other substances, typically for purposes of disinfection.	Clorazione	L'atto di aggiungere cloro all'acqua o ad altre sostanze, tipicamente per scopi di disinfezione.
Choked Flow	Choked flow is that flow at which the flow cannot be increased by a change in Pressure from before a valve or restriction to after it. Flow below the restriction is called Subcritical Flow above the restriction is called Critical Flow.	Flusso Bloccato ("Choked")	Il flusso bloccato ("choked") è un flusso di cui non si può aumentare la portata modificando la pressione relativa tra i due lati di una valvola o di una restrizione. Il flusso sotto la restrizione è detto Subcritico, mentre il flusso sopra la restrizione è detto Critico.
Chrysalis	The chrysalis is a hard casing surrounding the pupa as insects such as butterflies develop.	Crisalide	La crisalide è un involucro rigido che circonda la pupa durante lo sviluppo di insetti come le farfalle.
Cirque	An amphitheater-like valley formed on the side of a mountain by glacial erosion.	Circo Glaciale	Valle a forma di anfiteatro generata dall'erosione glaciale sul lato di una montagna.
Cirrus Cloud	Cirrus clouds are thin, wispy clouds that usually form above 18,000 feet.	Cirro	I cirri sono nubi sottili e filamentose che si formano solitamente ad altitudini superiori a 6000 metri.
Coagulation	The coming together of dissolved solids into fine suspended particles during water or wastewater treatment.	Coagulazione	Il processo per cui i solidi disciolti si uniscono in particelle fini sospese che avviene durante la potabilizzazione dell'acqua o la depurazione delle acque reflue.
COD	Chemical Oxygen Demand; a measure of the strength of chemical contaminants in water.	COD	Domanda chimica di ossigeno (acronimo inglese di "Chemical Oxygen Demand"); rappresenta la quantità di ossigeno necessaria per la completa ossidazione per via chimica dei composti organici ed inorganici presenti in un campione di acqua ed è una misura del contenuto di contaminanti chimici presenti nell'acqua.

English	English	Italian	Italian
Coliform	A type of Indicator Organism used to determine the presence or absence of pathogenic organisms in water.	Coliformi	Un tipo di batteri utilizzati come marcatori per determinare la presenza o assenza di organismi patogeni nell'acqua.
Concentration	The mass per unit of volume of one chemical, mineral or compound in another.	Concentrazione	Massa per unità di volume di un elemento chimico, minerale o composto in una miscela.
Conjugate Acid	A species formed by the reception of a proton by a base; in essence, a base with a hydrogen ion added to it.	Acido Coniugato	Una specie chimica che si forma quando una base riceve un protone; in pratica, una base con aggiunto uno ione di idrogeno.
Conjugate Base	A species formed by the removal of a proton from an acid; in essence, an acid minus a hydrogen ion.	Base Coniugata	Una specie chimica che si forma quando un acido perde un protone; in pratica, un acido privato di uno ione di idrogeno.
Contaminant	A noun meaning a substance mixed with or incorporated into an otherwise pure substance; the term usually implies a negative impact from the contaminant on the quality or characteristics of the pure substance.	Contaminante	Un sostantivo che definisce una sostanza mescolata a o incorporata in un'altra sostanza altrimenti pura; l'uso di questo termine suggerisce solitamente un impatto negativo del contaminante sulle qualità o caratteristiche della sostanza pura.
Contaminant Level	A misnomer incorrectly used to indicate the concentration of a contaminant.	Livello di Contaminanti	Termine impropriamente usato per indicare la concentrazione di un contaminante.
Contaminate	A verb meaning to add a chemical or compound to an otherwise pure substance.	Contaminare	Aggiungere un composto o una sostanza chimica a un'altra sostanza altrimenti pura.
Continuity Equation	A mathematical expression of the Conservation of Mass theory; used in physics, hydraulics, etc., to calculate changes in state that conserve the overall mass of the system being studied.	Equazione di Continuità	Espressione matematica della legge di conservazione della massa usata in fisica, idraulica, ecc.; viene usata per calcolare cambiamenti di stato che mantengono inalterata la massa complessiva del sistema sotto esame.

English	English	Italian	Italian
Coordinate Bond	A covalent chemical bond between two atoms that is produced when one atom shares a pair of electrons with another atom lacking such a pair. Also called coordinate covalent bond.	Legame di Coordinazione	Tipo di legame chimico tra due atomi che si forma quando un atomo condivide una coppia di elettroni con un altro atomo altrimenti privo di questi due elettroni. Viene anche detto legame dativo.
Cost-Effective	Producing good results for the amount of money spent; economical or efficient.	Cost-Effective (termine inglese), Redditizio	Che produce buoni risultati in relazione al denaro speso; economicamente efficiente.
Critical Flow	Critical flow is the special case where the Froude number (dimensionless) is equal to 1; or the velocity divided by the square root of (gravitational constant multiplied by the depth) =1 (Compare to Supercritical Flow and Subcritical Flow).	Corrente Critica	La corrente critica è un caso speciale di corrente in cui il numero di Froude (che è un numero adimensionale) è uguale a 1; oppure una corrente in cui: la velocità diviso la radice quadrata di (accelerazione di gravità moltiplicata per il tirante idrico) = 1. (Confronta con: Corrente Supercritica e Corrente Subcritica).
Culvert	An engineered opening beneath a road or other structure that allows free passage of water or animals under the road or other structure without disruption to the road or other structure or danger to the animals.	Cunicolo	Opera ingegneristica sotterranea che attraversa la sede stradale con un'altra struttura per consentire il passaggio di acqua o animali senza interrompere la funzione della struttura sovrastante e senza esporre gli animali a rischio o pericolo.
Cumulonimbus Cloud	A dense towering vertical cloud associated with thunderstorms and atmospheric instability, formed from water vapor carried by powerful upward air currents.	Cumulonembo	Nube a sviluppo verticale che si forma in condizioni di instabilità atmosferica (per es., durante un temporale) grazie al vapore acqueo spinto verticalmente da potenti correnti d'aria.
Cwm	A small valley or cirque on a mountain.	Cwm	Piccola valle montana o circo glaciale. (Vedi: Circo Glaciale).

English	English	Italian	Italian
Dark Fermentation	The process of converting an organic substrate to biohydrogen through fermentation in the absence of light.	Fermentazione al Buio	Processo di conversione di un substrato organico in bioidrogeno attraverso la fermentazione in assenza di luce.
Deammonification	A two-step biological ammonia removal process involving two different biomass populations, in which aerobic ammonia oxidizing bacteria (AOB) nitrify ammonia to a nitrite form and then to nitrogen gas.	Deamminificazione	Processo in due fasi di rimozione dell'ammoniaca in cui batteri ammonio-ossidanti (AOB) convertono l'ammoniaca in nitriti e poi in azoto.
Desalination	The removal of salts from a brine to create a potable water.	Dissalazione	Processo di rimozione della frazione salina da acque contenenti sale, usato anche per ottenere acqua potabile.
Dioxane	A heterocyclic organic compound; a colorless liquid with a faint sweet odor.	Diossano	Un composto organico eterociclico che si presenta come un liquido incolore dal tenuo odore dolce.
Dioxin	Dioxins and dioxin-like compounds (DLCs) are by-products of various industrial processes, and are commonly regarded as highly toxic compounds that are environmental pollutants and persistent organic pollutants (POPs).	Diossina	La diossina e le molecole diossino-simili sono sottoprodotti di molti processi industriali; trattasi di composti altamente tossici tra cui inquinanti ambientali e inquinanti organici persistenti (POP).
Diurnal	Recurring every day, such as diurnal tasks, or having a daily cycle, such as diurnal tides.	Giornaliero	Che ricorre ogni giorno, come un compito giornaliero, oppure che ricorre secondo cicli di un giorno, come una marea a frequenza giornaliera.
Drumlin	A geologic formation resulting from glacial activity in which a well mixed gravel formation of multiple grain sizes that forms an elongated or ovular, teardrop shaped, hill as the glacier melts; the blunt end of the hill points in the direction the glacier originally moved over the landscape.	Drumlin	Formazione geologica collinare che si forma durante lo scioglimento di un ghiacciaio dalla forma allungata o a goccia e composta da ghiaia di diversa dimensione; l'asse maggiore del drumlin è parallelo alla direzione di scioglimento del ghiaccio.

English	English	Italian	Italian
Ebb and Flow	To decrease then increase in a cyclic pattern, such as tides.	Flusso e Riflusso	Diminuire e aumentare in modo ciclico, come per esempio nelle maree.
Ecology	The scientific analysis and study of interactions among organisms and their environment.	Ecologia	Studio e analisi scientifica delle interazioni tra gli organismi e il loro ambiente.
Economics	The branch of knowledge concerned with the production, consumption, and transfer of wealth.	Economia	Branca del sapere che studia la produzione, il consumo e il trasferimento di ricchezza.
Efficiency Curve	Data plotted on a graph or chart to indicate a third dimension on a two-dimensional graph. The lines indicate the efficiency with which a mechanical system will operate as a function of two dependent parameters plotted on the x and y axes of the graph. Commonly used to indicate the efficiency of pumps or motors under various operating conditions.	Curva di Efficienza	Dati tradotti in un diagramma o grafico per indicare una terza variabile utilizzando un grafico bi-dimensionale. Le linee rappresentano l'efficienza alla quale un sistema meccanico opera in funzione di due parametri dipendenti riportati sugli assi delle x e delle y del grafico. Di solito, le curve di efficienza si usano per indicare l'efficienza di pompe o motori sottoposti a diverse condizioni.
Effusion	The emission or giving off of something such as a liquid, light, or smell, usually associated with a leak or a small discharge relative to a large volume.	Effusione	L'emissione o lo scarico di un liquido, luce o odore, che si associa generalmente a una perdita o scarico di dimensione relativamente piccola.
El Niña	The cool phase of El Niño Southern Oscillation associated with sea surface temperatures in the eastern Pacific below average and air pressures high in the eastern and low in western Pacific.	La Niña	La fase fredda di El Niño-Oscillazione Meridionale, caratterizzata da temperature superficiali nell'Oceano Pacifico Orientale sotto alla media, da alta pressione atmosferica nel Pacifico Orientale e basse pressione nel Pacifico Occidentale.

English	English	Italian	Italian
El Niño	The warm phase of the El Niño Southern Oscillation, associated with a band of warm ocean water that develops in the central and east-central equatorial Pacific, including off the Pacific coast of South America. El Niño is accompanied by high air pressure in the western Pacific and low air pressure in the eastern Pacific.	El Niño	La fase calda di El Niño-Oscillazione Meridionale, caratterizzata da una corrente oceanica calda che si sviluppa nel Pacifico Equatoriale Centrale e Centro-Orientale, inclusa la costa pacifica sudamericana. El Niño è accompagnato da alta pressione sull'Oceano Pacifico Occidentale e bassa pressione sull'Oceano Pacifico Orientale.
El Niño Southern Oscillation	The El Niño Southern Oscillation refers to the cycle of warm and cold temperatures, as measured by sea surface temperature, of the tropical central and eastern Pacific Ocean.	El Niño-Oscillazione Meridionale	El Niño-Oscillazione Meridionale si riferisce al ciclico alternarsi di temperature calde e fredde, misurate al livello del mare, che investe l'Oceano Pacifico Centro-Meridionale e Orientale.
Endothermic Reactions	A process or reaction in which a system absorbs energy from its surroundings; usually, but not always, in the form of heat.	Reazioni Endotermiche	Un processo o una reazione in cui un sistema assorbe energia dall'ambiente circostante; di solito, ma non sempre, la reazione avviene attraverso l'assorbimento di calore.
ENSO	El Niño Southern Oscillation	ENSO	El Niño-Oscillazione Meridionale (sigla di El Niño-Southern Oscillation)
Enthalpy	A measure of the energy in a thermodynamic system.	Entalpia	Una misura dell'energia interna di un sistema termodinamico.
Entomology	The branch of zoology that deals with the study of insects.	Entomologia	Il ramo della zoologia che si occupa dello studio degli insetti.

English	English	Italian	Italian
Entropy	A thermodynamic quantity representing the unavailability of the thermal energy in a system for conversion into mechanical work, often interpreted as the degree of disorder or randomness in the system. According to the second law of thermodynamics, the entropy of an isolated system never decreases.	Entropia	Una quantità termodinamica che rappresenta l'indisponibilità di energia termica in un sistema ai fini della sua conversione in lavoro meccanico, spesso interpretata come grado di disordine o caos nel sistema. In base alla seconda legge della termodinamica, l'entropia di un sistema isolato non diminuisce mai.
Eon	A very long time period, typically measured in millions of years.	Eone	Un periodo di tempo molto lungo, tipicamente misurato in milioni di anni.
Epiphyte	A plant that grows above the ground, supported non-parasitically by another plant or object and deriving its nutrients and water from rain, air, and dust; an "Air Plant."	Epifite	Una pianta che cresce al di sopra del suolo, sostenuta in maniera non parassitaria da un'altra pianta o da un oggetto e che deriva acqua e nutrimento da pioggia, aria e polvere; anche detta "Pianta Aerea".
Esker	A long, narrow ridge of sand and gravel, sometimes with boulders, formed by a stream of water melting from beneath or within a stagnant, melting, glacier.	Esker	Una lunga, stretta cresta di sabbia e ghiaia, a volte contenente massi, creata dalle acque di scorrimento all'interno o alla base di masse glaciali in scioglimento.
Ester	A type of organic compound, typically quite fragrant, formed from the reaction of an acid and an alcohol.	Estero	Un tipo di composto organico, tipicamente profumato, prodotto dalla reazione di un acido con un alcool.
Estuary	A water passage where a tidal flow meets a river flow.	Estuario	Foce di un fiume che sbocca in mare aperto o nell'oceano in un unico canale o ramo.
Eutrophication	An ecosystem response to the addition of artificial or natural nutrients, mainly nitrates and phosphates to an aquatic system; such as the "bloom" or great increase of phytoplankton in a water body as	Eutrofizza-zione	Risposta di un ecosistema acquatico all'aggiunta di sostanze nutritive naturali o artificiali, principalmente nitrati e fosfati; per esempio, la proliferazione di alghe o l'aumento di fitoplancton in un

English	English	Italian	Italian
	a response to increased levels of nutrients. The term usually implies an aging of the ecosystem and the transition from open water in a pond or lake to a wetland, then to a marshy swamp, then to a fen, and ultimately to upland areas of forested land.		corpo idrico a causa dell'aumento dei livelli di sostanze nutritive in esso contenute. Il termine di solito caratterizza un invecchiamento dell'ecosistema e la progressiva trasformazione da corpo idrico aperto in stagno o da lago in zona umida, quindi in regione paludosa e, infine, in area boschiva.
Exosphere	A thin, atmosphere-like volume surrounding Earth where molecules are gravitationally bound to the planet, but where the density is too low for them to behave as a gas by colliding with each other.	Esosfera	Strato piú esterno dell'atmosfera. É uno strato sottile in cui le molecole sono attratte gravitazionalmente dalla Terra, ma la loro densità è troppo bassa perché si comportino come un gas entrando in collisione tra loro, per cui alcune abbandonano l'atmosfera e si disperdono nello spazio esterno.
Exothermic Reactions	Chemical reactions that release energy by light or heat.	Reazioni Esotermiche	Reazioni chimiche che liberano energia attraverso l'emissione di luce o calore.
Facultative Organism	An organism that can propagate under either aerobic or anaerobic conditions; usually one or the other conditions is favored: as Facultative Aerobe or Facultative Anaerobe.	Organismo Facoltativo	Un organismo che può crescere in condizioni sia aerobiche sia anaerobiche; in genere una delle due viene prediletta: aerobi e anaerobi facoltativi.
Fen	A low-lying land area that is wholly or partly covered with water and usually exhibits peaty alkaline soils. A fen is located on a slope, flat, or depression and gets its water from both rainfall and surface water.	Cariceto	Un ambiente di bassa altitudine coperto parzialmente o completamente da acqua e caratterizzato solitamente dalla presenza di terreni torbosi alcalini. I cariceti si trovano sui pendii, nelle pianure o nelle depressioni terrestri e ricevono acqua sia dalle precipitazioni atmosferiche sia dall acque superficiali.

English	English	Italian	Italian
Fermentation	A biological process that decomposes a substance by bacteria, yeasts, or other microorganisms, often accompanied by heat and off-gassing.	Fermentazione	Un processo biologico in cui batteri, lieviti o altri microorganismi decompongono una sostanza, spesso rilasciando calore o gas.
Fermentation Pits	A small, cone shaped pit sometimes placed in the bottom of wastewater treatment ponds to capture the settling solids for anaerobic digestion in a more confined, and therefore more efficient way.	Vasche di Fermentazione	Una piccola vasca di forma conica che è talvolta posta sul fondo di uno stagno di trattamento delle acque reflue. La vasca di fermentazione serve a catturare il precipitato solido confinando così la digestione anaerobica in uno spazio minore e aumentandone quindi l'efficienza.
Flaring	The burning of flammable gasses released from manufacturing facilities and landfills to prevent pollution of the atmosphere from the released gases.	Combustione di Gas (anche noto con il termine inglese "Flaring")	Pratica che consiste nel bruciare i gas di scarto degli impianti industriali e delle discariche per evitare che questi gas non controllati inquinino l'atmosfera. Il gas flaring è una pratica che contribuisce all'emissione di anidride carbonica.
Flocculation	The aggregation of fine suspended particles in water or wastewater into particles large enough to settle out during a sedimentation process.	Flocculazione	L'aggregazione di particelle fini sospese nell'acqua o nelle acque reflue in particelle di dimensioni sufficienti alla sedimentazione.
Fluvioglacial Landforms	Landforms molded by glacial meltwater, such as drumlins and eskers.	Conformazioni Fluvioglaciali	Depositi di terra prodotti dallo scioglimento dei ghiacciai, come per esempio i drumlin e gli esker.
FOG (Wastewater Treatment)	Fats, Oil, and Grease	FOG (trattamento acque reflue)	Grassi, Oli e Lubrificanti
Fossorial	Relating to an animal that is adapted to digging and life underground such as the badger, the naked mole-rat, the mole salamanders and similar creatures.	Fossorio	Dicesi di un animale capace di scavare il suolo e vivere sottoterra, come il tasso, la talpa senza pelo, la salamandra talpa e simili creature.

English	English	Italian	Italian
Fracking	Hydraulic fracturing is a well-stimulation technique in which rock is fractured by a pressurized liquid.	Fracking	La fratturazione idraulica è una tecnica di stimolazione dei giacimenti sotterranei attraverso la fratturazione della roccia per mezzo di un liquido ad alta pressione.
Froude Number	A dimensionless number defined as the ratio of a characteristic velocity to a gravitational wave velocity. It may also be defined as the ratio of the inertia of a body to gravitational forces. In fluid mechanics, the Froude number is used to determine the resistance of a partially submerged object moving through a fluid.	Numero di Froude	Numero adimensionale definito come il rapporto tra una velocità caratteristica e la velocità dell'onda gravitazionale. Può anche essere definito come il rapporto tra la forza d'inerzia e la forza peso. In meccanica dei fluidi, il numero di Froude viene utilizzato per determinare la resistenza incontrata da un oggetto parzialmente sommerso che si muove attraverso un fluido.
GC	Gas Chromatograph— an instrument used to measure volatile and semi-volatile organic compounds in gases.	GC	Gascromatografo: uno strumento utilizzato per misurare i composti organici volatili e semi-volatili presenti nei gas.
GC-MS	A GC coupled with an MS.	GC-MS	Un gascromatografo abbinato a uno spettrometro di massa.
Geology	An earth science comprising the study of solid Earth, the rocks of which it is composed, and the processes by which they change.	Geologia	Una scienza della terra che comprende lo studio della Terra solida, delle rocce di cui è composta e dei suoi processi di cambiamento.
Germ	In biology, a microorganism, especially one that causes disease. In agriculture the term relates to the seed of specific plants.	Germe	In biologia, dicesi di un microrganismo, in particolare di uno che causa malattie. In agricoltura, il termine si riferisce al seme di certe piante.
Gerotor	A positive displacement pump.	Gerotor	Una pompa volumetrica.
Glacial Outwash	Material carried away from a glacier by meltwater and deposited beyond the moraine.	Deposito Glaciale	Materiale trascinato da un ghiacciaio in scioglimento e depositato al di là della morena.

English	English	Italian	Italian
Glacier	A slowly moving mass or river of ice formed by the accumulation and compaction of snow on mountains or near the poles.	Ghiacciaio	Una massa o fiume di ghiaccio che si forma dall'accumulo e dalla compattazione di neve sulle montagne o vicino ai poli e si muove lentamente lungo i pendii.
Gneiss	Gneiss ("nice") is a metamorphic rock with large mineral grains arranged in wide bands. It means a type of rock texture, not a particular mineral composition.	Gneiss	Lo gneiss (pronunciato "gnais") è una roccia metamorfica con granuli minerali di grandi dimensioni disposti lungo ampi piani paralleli. Lo gneiss si riferisce a un tipo di struttura rocciosa, non a una particolare composizione minerale.
GPR	Ground Penetrating Radar	GPR	Georadar (dall'inglese *Ground Penetrating Radar*)
GPS	The Global Positioning System; a space-based navigation system that provides location and time information in all weather conditions, anywhere on or near the Earth where there is a simultaneous unobstructed line of sight to four or more GPS satellites.	GPS	Sistema di posizionamento globale (dall'inglese: *Global Positioning System);* un sistema di navigazione satellitare che fornisce la posizione e l'orario in qualsiasi condizione atmosferica, in qualunque punto sulla Terra o nelle sue vicinanze in cui vi sia un contatto privo di ostacoli con quattro o più satelliti GPS.
Greenhouse Gas	A gas in an atmosphere that absorbs and emits radiation within the thermal infrared range; usually associated with destruction of the ozone layer in the upper atmosphere of the earth and the trapping of heat energy in the atmosphere leading to global warming.	Gas Serra	Un gas presente nell'atmosfera che assorbe ed emette radiazioni nella banda di frequenza dell'infrarosso termico; di solito, i gas serra si associano alla distruzione dello strato di ozono nello strato superiore dell'atmosfera terrestre e all'intrappolamento di energia termica nell'atmosfera che causa il riscaldamento globale.

English	English	Italian	Italian
Grey Water	Greywater is gently used water from bathroom sinks, showers, tubs, and washing machines. It is water that has not come into contact with feces, either from the toilet or from washing diapers.	Acque Grigie	Le acque grigie sono acque provenienti dagli scarichi dei lavandini dei bagni, delle docce, delle vasche da bagno e delle lavatrici. A differenza delle acque di scarico dai WC o dal lavaggio di pannolini, le acque grigie non sono state in contatto con feci.
Groundwater	Groundwater is the water present beneath the Earth surface in soil pore spaces and in the fractures of rock formations.	Acque Sotterranee	Le acque sotterranee sono i depositi d'acqua presenti sotto la superficie terrestre, specificamente all'interno degli spazi porosi del suolo e nelle fratture di formazioni rocciose.
Groundwater Table	The depth at which soil pore spaces or fractures and voids in rock become completely saturated with water.	Tavola d'Acqua	La profondità alla quale gli spazi porosi del suolo o i vuoti e le fratture rocciose diventano completamente saturi d'acqua.
HAWT	Horizontal Axis Wind Turbine	HAWT	Turbina Eolica ad Asse Orizzontale
Hazardous Waste	Hazardous waste is waste that poses substantial or potential threats to public health or the environment.	Rifiuti Pericolosi	I rifiuti pericolosi sono rifiuti che rappresentano una minaccia immediata o potenziale per la salute pubblica o per l'ambiente.
Hazen-Williams Coefficient	An empirical relationship which relates the flow of water in a pipe with the physical properties of the pipe and the pressure drop caused by friction.	Coefficiente di Hazen-Williams	Una relazione empirica tra il flusso d'acqua in un tubo, le proprietà fisiche del tubo e il calo di pressione provocato dall'attrito.
Head (Hydraulic)	The force exerted by a column of liquid expressed by the height of the liquid above the point at which the pressure is measured.	Quota Piezometrica	La forza esercitata da una colonna verticale di liquido espressa dall' altezza del liquido sopra al punto di misurazione della pressione.
Heat Island	See: Urban Heat Island	Isola di Calore	Vedi: Isola di Calore Urbana

English	English	Italian	Italian
Heterocyclic Organic Compound	A heterocyclic compound is a material with a circular atomic structure that has atoms of at least two different elements in its rings.	Composto Organico Eterociclico	Un composto eterociclico è un composto chimico a struttura circolare i cui anelli hanno atomi di almeno due elementi diversi.
Heterocyclic Ring	A ring of atoms of more than one kind; most commonly, a ring of carbon atoms containing at least one non-carbon atom.	Anello Eterociclico	Un anello di atomi di più di un tipo; più comunemente, un anello di atomi di carbonio contenenti almeno un atomo diverso dal carbonio.
Heterotrophic Organism	Organisms that utilize organic compounds for nourishment.	Organismo Eterotrofo	Organismi che utilizzano composti organici per il proprio nutrimento.
Holometabolous Insects	Insects that undergo a complete metamorphosis, going through four life stages: embryo, larva, pupa and imago.	Insetti Olometaboli	Insetti che subiscono una metamorfosi completa, passando attraverso quattro stadi della vita: embrione, larva, pupa e immagine.
Horizontal Axis Wind Turbine	Horizontal axis means the rotating axis of the wind turbine is horizontal, or parallel with the ground. This is the most common type of wind turbine used in wind farms.	Turbina Eolica ad Asse Orizzontale	Turbine eoliche il cui asse di rotazione è orizzontale, ovvero parallelo al suolo. Questo è il tipo di turbina eolica più comunemente utilizzato nei parchi eolici.
Hydraulic Conductivity	Hydraulic conductivity is a property of soils and rocks, that describes the ease with which a fluid (usually water) can move through pore spaces or fractures. It depends on the intrinsic permeability of the material, the degree of saturation, and on the density and viscosity of the fluid.	Conducibilità Idraulica	La conducibilità idraulica è una proprietà dei suoli e delle rocce, che descrive la facilità con cui un fluido (tipicamente l'acqua) può muoversi attraverso pori o fratture. Dipende dalla permeabilità intrinseca del materiale, dal grado di saturazione, e dalla densità e viscosità del fluido.
Hydraulic Fracturing	See: Fracking	Fratturazione Idraulica	Vedi: Fracking
Hydraulic Loading	The volume of liquid that is discharged to the surface of a filter, soil, or other material per unit of area per unit of time,	Carico Idraulico Superficiale	Il volume di liquido scaricato sulla superficie di un filtro, terra o altro materiale per unità di superficie e unità di

English	English	Italian	Italian
	such as gallons/square foot/minute.		tempo; per esempio litri/metro quadrato/minuto
Hydraulics	Hydraulics is a topic in applied science and engineering dealing with the mechanical properties of liquids or fluids.	Idraulica	L'idraulica è quella branca delle scienze applicate e dell'ingegneria che si occupa delle proprietà meccaniche dei liquidi o dei fluidi.
Hydric Soil	Hydric soil is soil which is permanently or seasonally saturated by water, resulting in anaerobic conditions. It is used to indicate the boundary of wetlands.	Terreno Umido	È un terreno permanentemente o stagionalmente saturo di acqua e presenta perciò condizioni anaerobiche. È utilizzato per indicare il confine delle zone umide.
Hydroelectric	An adjective describing a system or device powered by hydroelectric power.	Idroelettrico	Un aggettivo che descrive un sistema o un dispositivo alimentato da energia idroelettrica.
Hydroelectricity	Hydroelectricity is electricity generated through the use of the gravitational force of falling or flowing water.	Energia Idroelettrica	L'energia idroelettrica è energia elettrica generata sfruttando la forza gravitazionale di un flusso d'acqua o la caduta dell'acqua da un dislivello.
Hydrofracking	See: Fracking	Idrofratturazione	Vedi: Fracking.
Hydrofracturing	See: Fracking	Idrofratturazione	Vedi: Fracking.
Hydrologic Cycle	The hydrological cycle describes the continuous movement of water on, above and below the surface of the Earth.	Ciclo Idrologico	Il ciclo idrologico descrive il continuo movimento dell'acqua al di sopra della, sulla e al di sotto della superficie terrestre.
Hydrologist	A practitioner of hydrology.	Idrologo	Uno studioso di idrologia.
Hydrology	Hydrology is the scientific study of the movement, distribution, and quality of water.	Idrologia	L'idrologia è lo studio scientifico del movimento, della distribuzione e della qualità dell'acqua.
Hypertrophication	See: Eutrophication	Ipereutrofia	Vedi: Eutrofizzazione
Imago	The final and fully developed adult stage of an insect, typically winged.	Immagine	Lo stadio finale e di sviluppo completo di un insetto, tipicamente alato.

English	English	Italian	Italian
Indicator Organism	An easily measured organism that is usually present when other pathogenic organisms are present and absent when the pathogenic organisms are absent.	Indicatore Biologico	Un organismo facilmente rilevabile che si sviluppa di solito in presenza di altri organismi patogeni e, vice versa, non si sviluppa in loro assenza.
Inertial Force	A force as perceived by an observer in an accelerating or rotating frame of reference, that serves to confirm the validity of Newton's laws of motion, e.g. the perception of being forced backward in an accelerating vehicle.	Forza d'Inerzia	Una forza apparente percepita da un soggetto sottoposto ad accelerazione o a rotazione. Serve a confermare la validità delle leggi del moto di Newton. Per esempio, la sensazione di essere schiacciati sul sedile di un veicolo in accelerazione.
Infect vs. Infest	To "Infect" means to contaminate with disease-producing organisms, such as germs or viruses. To "Infest" means for something unwanted to be present in large numbers, such as mice infesting a house or rats infesting a neighborhood.	Infettare vs. Infestare	"Infettare" significa contaminare con un organismo patogeno, come per esempio virus o batteri. "Infestare" indica la presenza di un elevato numero di elementi indesiderati, come per esempio i topi che infestano una casa o i ratti che infestano un'area urbana.
Internal Rate of Return	A method of calculating rate of return that does not incorporate external factors; the interest rate resulting from a transaction is calculated from the terms of the transaction, rather than the results of the transaction being calculated from a specified interest rate.	Tasso Interno di Rendimento	Un metodo di calcolo del tasso di rendimento senza contare fattori esterni; il tasso di rendimento di una transazione calcolato in base ai termini della transazione stessa, anziché sulla base di uno specifico tasso di interesse.
Interstitial Water	Water trapped in the pore spaces between soil or biosolid particles.	Acqua Interstiziale	Acqua intrappolata nei pori del suolo o nelle particelle biosolide.
Invertebrates	Animals that neither possess nor develop a vertebral column, including insects; crabs, lobsters and their kin; snails, clams, octopuses and their kin; starfish,	Invertebrati	Animali che non possiedono e non sviluppano una colonna vertebrale, tra i quali: gli insetti, i granchi, le aragoste e i loro parenti, le lumache, le vongole, i polpi e i loro

English	English	Italian	Italian
	sea-urchins and their kin; and worms, among others.		parenti, le stelle marine, i ricci di mare e i loro parenti, i vermi.
Ion	An atom or a molecule in which the total number of electrons is not equal to the total number of protons, giving the atom or molecule a net positive or negative electrical charge.	Ione	Un atomo o una molecola il cui numero di elettroni è diverso dal numero di protoni, conferendo perciò all'atomo o alla molecola una carica elettrica netta positiva o negativa.
Jet Stream	Fast flowing, narrow air currents found in the upper atmosphere or troposphere. The main jet streams in the United States are located near the altitude of the tropo-pause and flow generally west to east.	Corrente a Getto	Flussi d'aria di piccola sezione presenti nella parte superiore dell'atmosfera o nella troposfera. Le principali correnti a getto negli Stati Uniti si trovano vicino alla tropopausa e scorrono generalmente da ovest verso est.
Kettle Hole	A shallow, sediment-filled body of water formed by retreating glaciers or draining floodwaters. Kettles are fluvioglacial landforms occurring as the result of blocks of ice calving from the front of a receding glacier and becoming partially to wholly buried by glacial outwash.	Kettle	Un corpo d'acqua poco profondo pieno di sedimenti formatosi dal ritiro dei ghiacciai o dal drenaggio delle acque alluvionali. I kettle sono conformazioni fluviogla-ciali che si creano dal distacco di blocchi di ghiaccio dal fronte di un ghiacciao in ritiro e che vengono parzialmente o interamente sepolti dai depositi di dilavamento glaciale.
Laminar Flow	In fluid dynamics, lam-inar flow occurs when a fluid flows in parallel layers, with no disruption between the layers. At low velocities, the fluid tends to flow without lateral mixing. There are no cross-currents perpen-dicular to the direction of flow, nor eddies or swirls of fluids.	Flusso Laminare	In fluidodinamica, si parla di flusso laminare quando un fluido scorre lungo strati paralleli, senza alcun rimesco-lamento tra i diversi strati. A basse velocità, il liquido tende a fluire senza miscelazione laterale. Non ci sono correnti perpendicolari alla direzione di flusso, né vortici o ricircolazioni dei fluidi.

English	English	Italian	Italian
Lens Trap	A defined space within a layer of rock in which a fluid, typically oil, can accumulate.	Lente	In geologia, una lente è lo spazio interno a uno strato di roccia dove si può accumulare un liquido, tipicamente petrolio.
Lidar	Lidar (also written LIDAR, LiDAR or LADAR) is a remote sensing technology that measures distance by illuminating a target with a laser and analyzing the reflected light.	Lidar	Il Lidar (anche scritto LIDAR, LiDAR o LADAR) è una tecnologia di telerilevamento per la misurazione della distanza. Funziona illuminando un oggetto con luce laser e analizzandone la luce riflessa.
Life-Cycle Costs	A method for assessing the total cost of facility or artifact ownership. It takes into account all costs of acquiring, owning, and disposing of a building, building system, or other artifact. This method is especially useful when project alternatives that fulfill the same performance requirements, but have different initial and operating costs, are to be compared to maximizes net savings.	Costo del Ciclo di Vita	Un metodo per valutare il costo totale di un impianto di produzione o di un'altra opera umana. Tiene conto di tutti i costi di produzione, manutenzione e smaltimento di un edificio, complesso, o altra opera. Questo metodo è particolarmente utile per confrontare la convenienza di diverse alternative progettuali che soddisfano identici requisiti prestazionali ma hanno diversi costi iniziali e operativi.
Ligand	In chemistry, an ion or molecule attached to a metal atom by coordinate bonding. In biochemistry, a molecule that binds to another (usually larger) molecule.	Ligando	In chimica, dicesi di uno ione o una molecola legati a un atomo metallico attraverso un legame di coordinazione. In biochimica, dicesi di una molecola legata a un'altra molecola (tipicamente più grande).
Macrophyte	A plant, especially an aquatic plant, large enough to be seen by the naked eye.	Macrofite	Una pianta, per lo più acquatica, che è abbastanza grande da essere visibile a occhio nudo.
Marine Macrophyte	Marine macrophytes comprise thousands of species of macrophytes, mostly macroalgae, sea-grasses, and mangroves,	Macrofite Acquatiche	Le macrofite acquatiche comprendono migliaia di specie di macrofite, per lo più macroalghe, fanerogame marine e

English	English	Italian	Italian
	that grow in shallow water areas in coastal zones.		mangrovie, che crescono sui fondali poco profondi delle zone costiere.
Marsh	A wetland dominated by herbaceous, rather than woody, plant species; often found at the edges of lakes and streams, where they form a transition between the aquatic and terrestrial ecosystems. They are often dominated by grasses, rushes or reeds. Woody plants present tend to be low-growing shrubs. This vegetation is what differentiates marshes from other types of wetland such as swamps, and mires.	Acquitrino	Una zona umida dominata da specie vegetali erbacee, anziché da piante legnose. Si trova spesso ai bordi di laghi e corsi d'acqua, dove rappresenta un ambiente di transizione tra l'ecosistema acquatico e quello terrestre. Gli acquitrini sono spesso dominati da piante erbacee, giunchi o canne. Le eventuali piante legnose sono solitamente degli arbusti bassi. La limitata presenza di piante legnose è ciò che distingue gli acquitrini da altri tipi di zone umide, come le paludi e le torbiere.
Mass Spectroscopy	A form of analysis of a compound in which light beams are passed through a prepared liquid sample to indicate the concentration of specific contaminants present.	Spettrometria di Massa	Una tecnica di analisi delle sostanze in cui fasci di luce attraversano una miscela liquida per rilevare la presenza e la concentrazione di specifici contaminanti.
Maturation Pond	A low-cost polishing ponds, which generally follows either a primary or secondary facultative wastewater treatment pond. Primarily designed for tertiary treatment, (i.e., the removal of pathogens, nutrients and possibly algae) they are very shallow (usually 0.9–1 m depth).	Stagno di Maturazione	Uno stagno di affinamento a basso costo, che generalmente segue il trattamento facoltativo primario o secondario delle acque reflue.
MBR	See: Membrane Reactor	MBR	Vedi: Bioreattore a Membrana
Membrane Bioreactor	The combination of a membrane process like microfiltration or ultrafiltration with a suspended growth bioreactor.	Bioreattore a Membrana	Combina un processo a membrana, come la microfiltrazione o ultrafiltrazione, con un bioreattore a fanghi attivi.

English	English	Italian	Italian
Membrane Reactor	A physical device that combines a chemical conversion process with a membrane separation process to add reactants or remove products of the reaction.	Reattore a Membrana	Un dispositivo fisico che combina un processo di conversione chimica con un processo di separazione a membrana per aggiungere reagenti o rimuovere i sottoprodotti della reazione.
Mesopause	The boundary between the mesosphere and the thermosphere.	Mesopausa	Al confine tra la mesosfera e la termosfera.
Mesosphere	The third major layer of Earth atmosphere that is directly above the stratopause and directly below the mesopause. The upper boundary of the mesosphere is the mesopause, which can be the coldest naturally occurring place on Earth with temperatures as low as $-100°C$ ($-146°F$ or 173 K).	Mesosfera	Il terzo grande strato di atmosfera terrestre che si trova direttamente sopra la stratopausa e direttamente sotto la mesopausa. Il limite superiore della mesosfera è la mesopausa, che può essere il luogo naturale più freddo della Terra con temperature fino a $-100°C$ ($-146°F$ o 173 K).
Metamorphic Rock	Metamorphic rock is rock which has been subjected to temperatures greater than 150 to 200°C and pressure greater than 1500 bars, causing profound physical and/or chemical change. The original rock may be sedimentary, igneous rock or another, older, metamorphic rock.	Roccia Metamorfica	Una roccia metamorfica è una roccia che è stata esposta a temperature superiori ai 150 o 200°C e a pressioni maggiori di 1500 bar, che ne hanno causato un profondo cambiamento fisico e/o chimico. La roccia da cui si origina può essere una roccia sedimentaria, vulcanica o un'altra roccia metamorfica più vecchia.
Metamorphosis	A biological process by which an animal physically develops after birth or hatching, involving a conspicuous and relatively abrupt change in body structure through cell growth and differentiation.	Metamorfosi	Un processo biologico attraverso il quale un animale si sviluppa fisicamente dopo la nascita o la schiusa, che implica un cambiamento evidente e relativamente brusco nella struttura del corpo attraverso la crescita e la differenziazione cellulare.
Microbe	Microscopic single-cell organisms.	Microbo	Organismo microscopico mono-cellulare.
Microbial	Involving, caused by, or being microbes.	Microbica	Che coinvolge, che è causato da, o che è fatto di microbi.

English	English	Italian	Italian
Microorganism	A microscopic living organism, which may be single celled or multicellular.	Microrganismo	Un organismo vivente microscopico, che può essere monocellulare o pluricellulare.
Micropollutants	Organic or mineral substances that exhibit toxic, persistent and bioaccumulative properties that may have a negative effect on the environment and/or organisms.	Microinquinanti	Sostanze organiche o minerali che presentano caratteristiche tossiche, persistenti e bioaccumulabili che possono avere un effetto negativo sull'ambiente e/o sugli organismi.
Milliequivalent	One thousandth (10^{-3}) of the equivalent weight of an element, radical, or compound.	Milliequivalente	Un millesimo (10^{-3}) del peso equivalente di un elemento, radicale o composto.
Mires	A wetland terrain without forest cover dominated by living, peat-forming plants. There are two types of mire—fens and bogs.	Torbiera	Un terreno paludoso privo di copertura forestale dominato da piante tipiche dei luoghi umidi come i muschi. Ci sono due tipi di torbiera - alta e bassa.
Molal Concentration	See: Molality	Concentrazione Molale	Vedi: Molalità
Molality	Molality, also called molal concentration, is a measure of the concentration of a solute in a solution in terms of amount of substance in a specified mass of the solvent.	Molalità	La molalità, anche chiamata concentrazione molale, è la misura della concentrazione di un soluto in una soluzione in termini di quantità di sostanza in una data massa di solvente.
Molar Concentration	See: Molarity	Concentrazione Molare	Vedi: Molarità
Molarity	Molarity is a measure of the concentration of a solute in a solution, or of any chemical species in terms of the mass of substance in a given volume. A commonly used unit for molar concentration used in chemistry is mol/L. A solution of concentration 1 mol/L is also denoted as 1 molar (1 M).	Molarità	La molarità è la misura della concentrazione di un soluto in una soluzione, o di qualsiasi specie chimica in termini di massa di sostanza in un dato volume. Un'unità comunemente usata per esprimere la concentrazione molare in chimica è mol/dm³. Una soluzione di concentrazione 1 mol/dm³ è anche definita come 1 molare (1 M).

English	English	Italian	Italian
Mole (Biology)	Small mammals adapted to a subterranean life-style. They have cylindrical bodies, velvety fur, very small, inconspicuous ears and eyes, reduced hindlimbs and short, powerful forelimbs with large paws adapted for digging.	Talpa (Biologia)	Piccoli mammiferi che si sono adattati a vivere sottoterra. Hanno un corpo cilindrico, un pelo vellutato, orecchie e occhi molto piccoli e non appariscenti, arti posteriori ridotti e corti, potenti arti anteriori con zampe adatte a scavare.
Mole (Chemistry)	The amount of a chemical substance that contains as many atoms, molecules, ions, electrons, or photons, as there are atoms in 12 grams of carbon-12 (^{12}C), the isotope of carbon with a relative atomic mass of 12 by definition. This number is expressed by the Avogadro constant, which has a value of $6.0221412927 \times 10^{23}$ mol^{-1}.	Mole (Chimica)	Quantità di sostanza chimica che contiene tanti atomi, molecole, ioni, elettroni e fotoni quanti il numero di atomi presenti in 12 grammi di carbonio-12 (^{12}C), l'isotopo del carbonio con una massa atomica relativa di 12 per definizione. Tale numero è noto come costante di Avogadro, che ha un valore di $6.0221412927 \times 10^{23}$ mol^{-1}.
Monetization	The conversion of non-monetary factors to a standardized monetary value for purposes of equitable comparison between alternatives.	Monetizza-zione	La conversione di fattori non monetari in un'unità monetaria standard per confrontare alternative (di produzione, investimento, ecc.) con la stessa unità di misura.
Moraine	A mass of rocks and sediment deposited by a glacier, typically as ridges at its edges or extremity.	Morena	Un accumulo di rocce e sedimenti depositati da un ghiacciaio, tipicamente come creste ai bordi o alle estremità.
Morphology	The branch of biology that deals with the form and structure of an organism, or the form and structure of the organism thus defined.	Morfologia	Una branca della biologia che studia la forma e la struttura esterna degli organismi animali e vegetali.
Mottling	Soil mottling is a blotchy discoloration in a vertical soil profile; it is an indication of oxidation, usually attributed to contact with groundwater, which can	Scolorimento	Lo scolorimento è una decolorazione a macchia nel profilo di un suolo; è un indicatore di ossidazione, di solito causata dal contatto con le acque

English	English	Italian	Italian
	indicate the depth to a seasonal high groundwater table.		sotterranee, che può indicare la profondità di falde sotterranee.
MS	A Mass Spectrophotometer or Mass Spectroscopy.	MS	Spettrometro di Massa.
MtBE	Methyl-tert-Butyl Ether	MtBE	Metil-t-Butil Etere
Multidecadal	A timeline that extends across more than one decade, or 10 year, span.	Multidecennale	Una sequenza temporale di durata superiore a un decennio, ossia 10 anni.
Municipal Solid Waste	Commonly known as trash or garbage in the United States and as refuse or rubbish in Britain, this is a waste type consisting of everyday items that are discarded by the public. "Garbage" can also refer specifically to food waste.	Rifiuti Solidi Urbani	Comunemente noti come spazzatura, sono un tipo di rifiuto costituito da oggetti di uso quotidiano scartati dall'uomo. Il termine "spazzatura" può anche riferirsi specificamente ai rifiuti alimentari.
Nacelle	Aerodynamically-shaped housing that holds the turbine and operating equipment in a wind turbine.	Navicella (o Gondola)	Involucro di forma aerodinamica che contiene la turbina e l'apparecchiatura meccanica in una turbina eolica.
Nanotube	A nanotube is a cylinder made up of atomic particles and whose diameter is around one to a few billionths of a meter (or nanometers). They can be made from a variety of materials, most commonly, Carbon.	Nanotubo	Un nanotubo è un cilindro di particelle atomiche il cui diametro è dell'ordine di grandezza di un miliardesimo di metro (o nanometro). I nanotubi possono essere fatti di una varietà di materiali, più comunemente di carbonio.
NAO (North Atlantic Oscillation)	A weather phenomenon in the North Atlantic Ocean of fluctuations in atmospheric pressure differences at sea level between the Icelandic low and the Azores high that controls the strength and direction of westerly winds and storm tracks across the North Atlantic.	NAO (Oscillazione Nord Atlantica)	Un fenomeno meteorologico localizzato nell'Oceano Atlantico Settentrionale e caratterizzato da fluttuazioni cicliche della differenza di pressione al livello del mare tra la depressione d'Islanda e l'anticiclone delle Azzorre. Determina la forza e la direzione dei venti occidentali e delle perturbazioni nell'Oceano Atlantico Settentrionale.

English	English	Italian	Italian
Northern Annular Mode	A hemispheric-scale pattern of climate variability in atmospheric flow in the northern hemisphere that is not associated with seasonal cycles.	Modalità Anulare Nord (Indice NAM)	Fenomeno ricorrente di variabilità climatica dei flussi atmosferici su scala emisferica che avviene nell'emisfero settentrionale e non è associato all'alternanza delle stagioni.
OHM	Oil and Hazardous Materials	OHM	Petrolio e Sostanze Pericolose
Ombrotrophic	Refers generally to plants that obtain most of their water from rainfall.	Ombrotrofico	Termine riferito di solito a piante che ottengono la maggior parte della propria acqua dalla pioggia.
Order of Magnitude	A multiple of ten. For example, 10 is one order of magnitude greater than 1 and 1000 is three orders of magnitude greater than 1. This also applies to other numbers, such that 50 is one order of magnitude higher than 4, for example.	Ordine di Grandezza	Un multiplo di dieci. Per esempio, 10 è di un ordine di grandezza maggiore di 1 e 1000 è di tre ordini di grandezza maggiore di 1. Ciò vale anche per altri numeri, perciò 50 è di un ordine di grandezza superiore a 4, per esempio.
Oscillation	The repetitive variation, typically in time, of some measure about a central or equilibrium, value or between two or more different chemical or physical states.	Oscillazione	La variazione periodica di una misura, di solito nel corso del tempo, attorno al proprio valore centrale o di equilibrio, o tra due o più stati chimici o fisici differenti.
Osmosis	The spontaneous net movement of dissolved molecules through a semi-permeable membrane in the direction that tends to equalize the solute concentrations both sides of the membrane.	Osmosi	Movimento spontaneo di molecole disciolte, attraverso una membrana semipermeabile, nella direzione tendente a equilibrare la concentrazione di soluto nei due lati della membrana.
Osmotic Pressure	The minimum pressure which needs to be applied to a solution to prevent the inward flow of water across a semipermeable membrane. It is also defined as the measure of the tendency of a solution to take in water by osmosis.	Pressione Osmotica	La pressione minima che deve essere applicata a una soluzione per impedire il passaggio del solvente nel senso naturale di diffusione attraverso una membrana semipermeabile. Viene anche definita come la misura della tendenza di una soluzione a consumare acqua per osmosi.

English	English	Italian	Italian
Ozonation	Combining a substance or compound with ozone.	Ozonizzazione	Il trattamento o la combinazione di una sostanza o di un composto con l'ozono.
Pascal	The SI derived unit of pressure, internal pressure, stress, Young's modulus and ultimate tensile strength; defined as one newton per square meter.	Pascal	Unità di misura del Sistema Internazionale usata per indicare la pressione, la pressione interna, lo sforzo, il modulo di Young e il carico di rottura; definita come un newton per metro quadro.
Pathogen	An organism, usually a bacterium or a virus, which causes, or is capable of causing, disease in humans.	Patogeno	Un organismo, solitamente un batterio o un virus, che causa o è capace di causare malattie negli esseri umani.
PCB	Polychlorinated Biphenyl	PBC	Bifenili Policlorurati
Peat (Moss)	A brown, soil-like material characteristic of boggy, acid ground, consisting of partly decomposed vegetable matter; widely cut and dried for use in gardening and as fuel.	Torba (Muschio)	Materiale marrone, simile al terreno, caratteristico dei terreni paludosi acidi, composto da resti vegetali parzialmente decomposti; tagliato finemente ed essicato, può essere impiegato nel giardinaggio e come combustibile.
Peristaltic Pump	A type of positive displacement pump used for pumping a variety of fluids. The fluid is contained within a flexible tube fitted inside a (usually) circular pump casing. A rotor with a number of "rollers", "shoes", "wipers", or "lobes" attached to the external circumference of the rotor compresses the flexible tube sequentially, causing the fluid to flow in one direction.	Pompa Peristaltica	Tipo di pompa volumetrica usata per pompare una varietà di fluidi. Il fluido è contenuto in un tubo flessibile inserito tipicamente in una pompa a involucro circolare. Un rotore alla cui ciconferenza esterna sono applicati diversi rulli che comprimono progressivamente il tubo, provocando l'avanzamento del fluido.
pH	A measure of the hydrogen ion concentration in water; an indication of the acidity of the water.	pH	Misura della concentrazione di ioni idrogeno nell'acqua; un indice dell'acidità dell'acqua.

English	English	Italian	Italian
Pharmaceuticals	Compounds manufactured for use in medicines; often persistent in the environment. See: Recalcitrant wastes.	Farmaci	Composti destinati a usi medicali; spesso persistono nell'ambiente. Vedi: Rifiuti Recalcitranti.
Phenocryst	The larger crystals in a porphyritic rock.	Fenocristallo	Il cristallo più grande in una roccia porfirica.
Photofermentation	The process of converting an organic substrate to biohydrogen through fermentation in the presence of light.	Fotofermentazione	Processo di conversione di un substrato organico in bioidrogeno attraverso la fermentazione indotta dalla luce.
Photosynthesis	A process used by plants and other organisms to convert light energy, normally from the Sun, into chemical energy that can be used by the organism to drive growth and propagation.	Fotosintesi	Processo usato dalle piante e da altri organismi per convertire l'energia della luce, di solito proveniente dal Sole, in energia chimica utilizzabile dall'organismo per la crescita e la riproduzione.
pOH	A measure of the hydroxyl ion concentration in water; an indication of the alkalinity of the water.	pOH	Una misura della concentrazione di ioni ossidrile nell'acqua; un indice dell'alcalinità dell'acqua.
Polarized Light	Light that is reflected or transmitted through certain media so that all vibrations are restricted to a single plane.	Luce Polarizzata	Luce riflessa o trasmessa in modo che tutte le oscillazioni d'onda avvengano su un unico piano.
Polishing Pond	See: Maturation Pond	Stagno Facoltativo	Vedi: Stagno di Maturazione
Polydentate	Attached to the central atom in a coordination complex by two or more bonds—See: Ligands and Chelates.	Polidentato	Legato all'atomo centrale in un complesso di coordinazione tramite uno o più legami. Vedi: Leganti e Chelati.
Pore Space	The interstitial spaces between grains of soil in a soil mixture or profile.	Spazio dei Pori	Spazi interstiziali in una miscela di terra o in uno strato di suolo.
Porphyritic Rock	Any igneous rock with large crystals embedded in a finer groundmass of minerals.	Roccia Porfirica	Qualsiasi roccia vulcanica costituita da cristalli grossi incastonati in una matrice di minerali più fini.

English	English	Italian	Italian
Porphyry	A textural term for an igneous rock consisting of large-grain crystals such as feldspar or quartz dispersed in a fine-grained matrix.	Porfido	Termine petrografico che identifica una roccia vulcanica costituita da cristalli a grana grossa, come feldspati o quarzo, dispersi in una matrice a grana fine.
Protolith	The original, unmetamorphosed rock from which a specific metamorphic rock is formed. For example, the protolith of marble is limestone., since marble is a metamorphosed form of limestone.	Protolite	La roccia primaria di un metamorfismo dalla quale si forma poi una specifica roccia metamorfica. Per esempio, il protolite del marmo è il calcare e, vice versa, il marmo è la forma metamorfica del calcare.
Protolithic	Characteristic of something related to the very beginning of the Stone Age, such as protolithic stone tools, for example.	Paleolitico	Detto di qualcosa databile agli inizi dell'Età della Pietra; per esempio, i primi utensili di pietra.
Pupa	The life stage of some insects undergoing transformation. The pupal stage is found only in holometabolous insects, those that undergo a complete metamorphosis, going through four life stages: embryo, larva, pupa and imago.	Pupa	Stadio della vita di alcuni insetti che subiscono uno sviluppo metamorfico. Lo stadio di pupa si manifesta solo negli insetti olometaboli, cioè quelli che subiscono una metamorfosi completa passando attraverso quattro stadi di vita: embrione, larva, pupa e immagine.
Pyrolysis	Combustion or rapid oxidation of an organic substance in the absence of free oxygen.	Pirolisi	Combustione o rapida ossidazione di una sostanza organica in assenza di ossigeno libero.
Quantum Mechanics	A fundamental branch of physics concerned with processes involving atoms and photons.	Meccanica Quantistica	Un ramo della fisica che studia i processi che coinvolgono atomi e fotoni.
Radar	A target detection system that uses radio waves to determine the distance and angle to an object, and the velocity of a moving object.	Radar	Un sistema di rilevamento della posizione, della traiettoria e della velocità di oggetti che funziona a onde radio.

English	English	Italian	Italian
Rate of Return	A profit on an investment, generally comprised of any change in value, including interest, dividends or other cash flows which the investor receives from the investment.	Rendimento	Il profitto generato da un investimento, che in genere comprende qualsiasi cambiamento di valore, inclusi gli interessi, i dividendi o altri flussi di cassa percepiti dall'investitore.
Ratio	A mathematical relationship between two numbers indicating how many times the first number contains the second.	Rapporto	Relazione matematica tra due numeri che indica quante volte il primo numero contiene il secondo.
Reactant	A substance that takes part in and undergoes change during a chemical reaction.	Reagente	Una sostanza che prende parte a una reazione chimica durante la quale subisce un cambiamento.
Reactivity	Reactivity generally refers to the chemical reactions of a single substance or the chemical reactions of two or more substances that interact with each other.	Reattività	La reattività si riferisce tipicamente alle reazioni chimiche di una singola sostanza o alle reazioni chimiche di due o più sostanze che intreagiscono tra di loro.
Reagent	A substance or mixture for use in chemical analysis or other reactions.	Reagente	Una sostanza o miscela usata nelle analisi chimiche o in altre reazioni.
Recalcitrant Wastes	Wastes which persist in the environment or are very slow to naturally degrade and which can be very difficult to degrade in wastewater treatment plants.	Rifiuti Recalcitranti	Rifiuti che persistono nell'ambiente per lunghi periodi di tempo o il cui degrado naturale è molto lento e che sono difficilmente degradabili negli impianti di trattamento delle acque reflue.
Redox	A contraction of the name for a chemical reduction-oxidation reaction. A reduction reaction always occurs with an oxidation reaction. Redox reactions include all chemical reactions in which atoms have their oxidation state changed; in general, redox reactions involve the transfer of electrons between chemical species.	Ossidoriduzione	Il termine è una contrazione dei due termini inglesi *reduction*, riduzione, e *oxidation*, ossidazione. Una reazione di riduzione avviene sempre assieme a una reazione di ossidazione. Le reazioni redox comprendono tutte le reazioni chimiche in cui cambia il numero di ossidazioni degli atomi; in generale, le reazioni redox implicano un trasferimento di elettroni da una specie chimica a un'altra.

English	English	Italian	Italian
Reynolds Number	A dimensionless number indicating the relative turbulence of flow in a fluid. It is proportional to {(inertial force)/(viscous force)} and is used in momentum, heat, and mass transfer to account for dynamic similarity.	Numero di Reynolds	Numero adimensionale che indica la turbolenza relativa del flusso di un fluido. È proporzionale al rapporto tra {(forza d'inerzia)/(forza viscosa)} ed è utilizzato nella quantità di moto, nel calore e nel trasferimento di massa per tener conto della similarità dinamica.
Salt (Chemistry)	Any chemical compound formed from the reaction of an acid with a base, with all or part of the hydrogen of the acid replaced by a metal or other cation.	Sale (Chimica)	Qualsiasi composto chimico formatosi dalla reazione di un acido con una base, con tutta o parte dell'idrogeno dell'acido sostituito da un metallo o un altro catione.
Saprophyte	A plant, fungus, or micro-organism that lives on dead or decaying organic matter.	Saprofita	Pianta, fungo, o microrganismo che si nutre di materia organica morta o in decomposizione.
Sedimentary Rock	A type of rock formed by the deposition of material at the Earth surface and within bodies of water through processes of sedimentation.	Roccia Sedimentaria	Un tipo di roccia formatasi dall'accumulo di materiale sulla superficie terrestre e nei corpi d'acqua attraverso processi di sedimentazione.
Sedimentation	The tendency for particles in suspension to settle out of the fluid in which they are entrained and come to rest against a barrier due to the forces of gravity, centrifugal acceleration, or electromagnetism.	Sedimentazione	La tendenza delle particelle sospese a depositarsi nel fluido in cui sono contenute e a posarsi contro una barriera a causa della forza di gravità, dell'accelerazione centrifuga, o dell'elettromagnetismo.
Sequestering Agents	See: Chelates	Composti Sequestranti	Vedi: Chelanti
Sequestration	The process of trapping a chemical in the atmosphere or environment and isolating it in a natural or artificial storage area, such as with carbon sequestration to remove the carbon from having a negative effect on the environment.	Sequestro	Processo di intrappolamento di una sostanza chimica presente nell'atmosfera o nell'ambiente e di successivo stoccaggio in una zona di deposito naturale o artificiale, come per esempio il sequestro del carbonio per prevenirne gli effetti negativi sull'ambiente.

English	English	Italian	Italian
Sewage	A water-borne waste, in solution or suspension, generally including human excrement and other wastewater components.	Scarti Fognari	Elementi di scarto trasportati dall'acqua, in soluzione o sospensione, che comprendono generalmente escrementi umani e altri elementi delle acque reflue.
Sewerage	The physical infrastructure that conveys sewage, such as pipes, manholes, catch basins, etc.	Fognatura	L'infrastruttura fisica che trasporta le acque reflue, costituita da tubi, pozzetti, bacini di raccolta, ecc.
Sludge	A solid or semi-solid slurry produced as a by-product of wastewater treatment processes or as a settled suspension obtained from conventional drinking water treatment and numerous other industrial processes.	Liquame	Fango solido o semi-solido ottenuto come sottoprodotto del trattamento delle acque reflue, come deposito del trattamento convenzionale dell'acqua potabile, o creatosi da numerosi altri processi industriali.
Southern Annular Flow	A hemispheric-scale pattern of climate variability in atmospheric flow in the southern hemisphere that is not associated with seasonal cycles.	Flusso Anulare Meridionale	Fenomeno ricorrente di variabilità climatica dei flussi atmosferici su scala emisferica che avviene nell'emisfero australe e non è associato all'alternanza delle stagioni.
Specific Gravity	The ratio of the density of a substance to the density of a reference substance; or the ratio of the mass per unit volume of a substance to the mass per unit volume of a reference substance.	Gravità Specifica	Rapporto tra la densità di un materiale e quella di un materiale di riferimento; oppure rapporto tra la massa per unità di volume di un materiale e la massa per unità di volume di un materiale di riferimento.
Specific Weight	The weight per unit volume of a material or substance.	Peso Specifico	Peso per unità di volume di un materiale o di una sostanza.
Spectrometer	A laboratory instrument used to measure the concentration of various contaminants in liquids by chemically altering the color of the contaminant in question and	Spettrometro	Uno strumento di laboratorio per misurare la concentrazione di diversi contaminanti potenzialmente presenti nei liquidi. Funziona modificando chimicamente il

English	English	Italian	Italian
	then passing a light beam through the sample. The specific test programmed into the instrument reads the intensity and density of the color in the sample as a concentration of that contaminant in the liquid.		colore del contaminante e poi passando un raggio di luce attraverso il campione. Lo strumento rileva l'intensità e la densità di un certo colore nel campione e le traduce in una misura di concentrazione del contaminante corrispondente.
Spectrophotometer	A Spectrometer	Spettrofotometro	Uno Spettrometro
Stoichiometry	The calculation of relative quantities of reactants and products in chemical reactions.	Stechiometria	Il calcolo delle quantità relative di reagenti e prodotti coinvolti nelle reazioni chimiche.
Stratosphere	The second major layer of Earth atmosphere, just above the troposphere, and below the mesosphere.	Stratosfera	Il secondo dei cinque strati dell'atmosfera terrestre, appena al di sopra della troposfera e sotto alla mesosfera.
Subcritical Flow	Subcritical flow is the special case where the Froude number (dimensionless) is less than 1. i.e. The velocity divided by the square root of (gravitational constant multiplied by the depth) = <1 (Compare to Critical Flow and Supercritical Flow).	Corrente Subcritica (o Lenta)	La corrente subcritica è quel caso particolare di corrente in cui il numero (adimensionale) di Froude è minore di 1, ossia la velocità divisa per la radice quadrata del prodotto tra costante gravitazionale e profondità <= 1. (Confronta con: Corrente Supercritica e Corrente Critica).
Substance Concentration	See: Molarity	Concentrazione di una Sostanza	Vedi: Molarità
Supercritical Flow	Supercritical flow is the special case where the Froude number (dimensionless) is greater than 1. i.e. The velocity divided by the square root of (gravitational constant multiplied by the depth) = >1 (Compare to Subcritical Flow and Critical Flow).	Corrente Supercritica (o Veloce)	La corrente supercritica è quel caso particolare di corrente in cui il numero (admimensionale) di Froude è maggiore di 1, ossia la velocità divisa per la radice quadrata del prodotto tra costante gravitazionale e profondità >= 1. (Confronta con: Corrente Subcritica e Corrente Critica).

English	English	Italian	Italian
Swamp	An area of low-lying land; frequently flooded, and especially one dominated by woody plants.	Palude	Zona di terra pianeggiante, spesso allagata, tipicamente dominata da piante legnose.
Synthesis	The combination of disconnected parts or elements so as to form a whole; the creation of a new substance by the combination or decomposition of chemical elements, groups, or compounds; or the combining of different concepts into a coherent whole.	Sintesi	La combinazione di parti o elementi sconnessi in modo da formare un tutt'uno; la creazione di una nuova sostanza dalla combinazione o separazione di elementi chimici, gruppi, o composti; o la combinazione di diversi concetti in un tutt'uno coerente.
Synthesize	To create something by combining different things together or to create something by combining simpler substances through a chemical process.	Sintetizzare	Creare qualcosa combinando insieme diversi elementi o combinando assieme sostanze chimiche semplici attraverso un processo chimico.
Tarn	A mountain lake or pool, formed in a cirque excavated by a glacier.	Tarn (Lago)	Laghetto di montagna o stagno formatosi in un circo glaciale.
Thermodynamic Process	The passage of a thermodynamic system from an initial to a final state of thermodynamic equilibrium.	Processo Termodinamico	Il passaggio di un sistema termodinamico da uno stato iniziale a uno finale di equilibrio termodinamico.
Thermodynamics	The branch of physics concerned with heat and temperature and their relation to energy and work.	Termodinamica	Quella branca della fisica che si occupa del calore e della temperatura e della loro relazione con l'energia e il lavoro.
Thermomechanical Conversion	Relating to or designed for the transformation of heat energy into mechanical work.	Conversione Termomeccanica	Relativo a o progettato per trasformare l'energia termica in lavoro meccanico.
Thermosphere	The layer of Earth atmosphere directly above the mesosphere and directly below the exosphere. Within this layer, ultraviolet radiation causes photoionization and photodissociation of molecules present. The	Termosfera	Lo strato di atmosfera terrestre direttamente sopra la mesosfera e direttamente sotto l'esosfera. All'interno di questo strato, la radiazione ultravioletta provoca la fotoionizzazione e la fotodissociazione delle

English	English	Italian	Italian
	thermosphere begins about 85 kilometers (53 mi) above the Earth.		molecole presenti. La termosfera comincia a circa 85 km (53 mi) al di sopra della Terra.
Tidal	Influenced by the action of ocean tides rising or falling.	Di Marea	Influenzato dall'azione delle maree oceaniche crescenti o calanti.
TOC	Total Organic Carbon; a measure of the organic content of contaminants in water.	TOC	Carbonio Organico Totale; una misura della quantità di contaminanti organici presenti nell'acqua.
Torque	The tendency of a twisting force to rotate an object about an axis, fulcrum, or pivot.	Momento Torcente	La propensione di una forza torcente a ruotare un oggetto attorno a un asse, fulcro o perno.
Trickling Filter	A type of wastewater treatment system consisting of a fixed bed of rocks, lava, coke, gravel, slag, polyurethane foam, sphagnum peat moss, ceramic, or plastic media over which sewage or other wastewater is slowly trickled, causing a layer of microbial slime (biofilm) to grow, covering the bed of media, and removing nutrients and harmful bacteria in the process.	Filtro Percolatore	Un sistema di trattamento delle acque reflue costituito da un letto fisso di rocce, lava, coke, ghiaia, scorie metalliche, poliuretano espanso, torba di sfagno, ceramica, o supporti di plastica, su cui vengono lentamente versate acque di scarico o altre acque reflue, provocando così la crescita di uno strato di melma microbica (biofilm) che ricopre il letto di supporto e che, nel mentre, rimuove le sostanze nutrienti e i batteri nocivi.
Tropopause	The boundary in the atmosphere between the troposphere and the stratosphere.	Tropopausa	La zona atmosferica di confine tra la troposfera e la stratosfera.
Troposphere	The lowest portion of atmosphere; containing about 75% of the atmospheric mass and 99% of the water vapor and aerosols. The average depth is about 17 km (11 mi) in the middle latitudes, up to 20 km (12 mi) in the tropics, and about 7 km (4.3 mi) near the polar regions, in winter.	Troposfera	La porzione più bassa dell'atmosfera, contenente circa il 75% della massa atmosferica e il 99% del vapore acqueo e dell'aerosol atmosferico. In inverno, il suo spessore medio è di circa 17 km (11 mi) a latitudini intermedie, fino a 20 km (12 mi) ai tropici e circa 7 km (4,3 mi) vicino alle regioni polari.

English	English	Italian	Italian
UHI	Urban Heat Island	UHI	Isola di Calore Urbana
UHII	Urban Heat Island Intensity	UHII	Intensità dell'Isola di Calore Urbana
Unit Weight	See: Specific Weight	Peso Unitario	Vedi: Peso Specifico
Urban Heat Island	An urban heat island is a city or metropolitan area that is significantly warmer than its surrounding rural areas, usually due to human activities. The temperature difference is usually larger at night than during the day, and is most apparent when winds are weak.	Isola di Calore Urbana	Un'isola di calore urbana è una città o un'area metropolitana significativamente più calda delle aree rurali circostanti, in genere a causa dell'attività umana. La differenza di temperatura è di solito maggiore di notte, ed è più evidente quando i venti sono deboli.
Urban Heat Island Intensity	The difference between the warmest urban zone and the base rural temperature defines the intensity or magnitude of an Urban Heat Island.	Intensità dell'Isola di Calore Urbana	La differenza di temperatura tra la zona urbana più calda e la temperatura media nelle aree rurali circostanti definisce l'intesità o la magnitudine dell'isola di calore urbano.
UV	Ultraviolet Light	UV	Luce Ultravioletta
VAWT	Vertical Axis Wind Turbine	VAWT	Turbina Eolica ad Asse Verticale
Vena Contracta	The point in a fluid stream where the diameter of the stream, or the stream cross-section, is the least, and fluid velocity is at its maximum, such as with a stream of fluid exiting a nozzle or other orifice opening.	Vena Contratta	Il punto di minimo diametro sezionale (anche detta sezione trasversale) e di massima velocità di un flusso, come per esempio il flusso in uscita da un ugello o da un altro orifizio.
Vernal Pool	Temporary pools of water that provide habitat for distinctive plants and animals. Vernal pools are usually devoid of fish, which allows for the safe development of natal amphibian and insect species unable to withstand competition or predation by open water fish.	Stagno Temporaneo	Stagni temporanei che forniscono un habitat a piante e animali caratteristici; un tipo particolare di zona umida, solitamente priva di pesci, che consente lo sviluppo di anfibi e insetti autoctoni, altrimenti incapaci, in acqua aperta, di sostenere la competizione o la predazione a opera dei pesci.

English	English	Italian	Italian
Vertebrates	Animals distinguished by the possession of a backbone or spinal column, including such animals as mammals, birds, reptiles, amphibians, and fishes. (Compare with invertebrate).	Vertebrati	Un grande gruppo di specie animali contraddistinte dal possesso di una colonna vertebrale o spina dorsale, tra cui i mammiferi, gli uccelli, i rettili, gli anfibi e i pesci. (Confronta con: Invertebrati).
Vertical Axis Wind Turbine	A type of wind turbine where the main rotor shaft is set transverse to the wind (but not necessarily vertically) while the main components are located at the base of the turbine. This arrangement allows the generator and gearbox to be located close to the ground, facilitating service and repair. VAWTs do not need to be pointed into the wind, which removes the need for wind-sensing and orientation mechanisms.	Turbina Eolica ad Asse Verticale	Tipo di turbina eolica il cui rotore principale è trasversale al vento (ma non necessariamente verticale) mentre i componenti principali sono posizionati alla base della turbina. Questa disposizione permette di posizionare il generatore e il riduttore vicino al suolo, facilitandone la manutenzione e le riparazioni. Le turbine eoliche ad asse verticale (VAWTs) non devono necessariamente essere orientate controvento, così eliminando la necessità di sensori del moto ventoso e di meccanismi di orientamento.
Vicinal Water	Water which is trapped next to or adhering to soil or biosolid particles.	Acqua Vicinale	Acqua intrappolata in prossimità o in aderenza a particelle biosolide o di terreno.
Virus	Any of various submicroscopic agents that infect living organisms, often causing disease, and that consist of a single or double strand of RNA or DNA surrounded by a protein coat. Unable to replicate without a host cell, viruses are often not considered to be living organisms.	Virus	Qualsiasi agente submicroscopico, costituito da filamenti di RNA o DNA con rivestimento proteico, che infetta gli organismi viventi, spesso causando malattie. I virus sono sovente considerati esseri non viventi in quanto incapaci di moltiplicarsi in assenza di una cellula ospite.
Viscosity	A measure of the resistance of a fluid to gradual deformation by shear stress or tensile stress; analogous to the concept of "thickness" in liquids,	Viscosità	Misura della resistenza di un fluido alla deformazione da sforzo di taglio o sforzo normale; nei liquidi, è analoga al concetto di "densità", come

English	English	Italian	Italian
	such as syrup versus water.		per esempio la densità dello sciroppo rispetto a quella dell'acqua.
Volcanic Rock	Rock formed from the hardening of molten rock.	Roccia Vulcanica	Roccia formata dall'indurimento della pietra lavica.
Volcanic Tuff	A type of rock formed from compacted volcanic ash which varies in grain size from fine sand to coarse gravel.	Tufo Vulcanico	Tipo di roccia formata da cenere vulcanica compattata di granulometria variabile, da sabbia fine a ghiaia grossolana.
Wastewater	Water which has become contaminated and is no longer suitable for its intended purpose.	Acque Reflue	Acqua contaminata e non più adatta al suo scopo originario.
Water Cycle	The water cycle describes the continuous movement of water on, above and below the surface of the Earth.	Ciclo dell'Acqua	Il ciclo dell'acqua descrive il continuo movimento dell'acqua al di sopra della, sulla e al di sotto della superficie terrestre.
Water Hardness	The sum of the Calcium and Magnesium ions in the water; other metal ions also contribute to hardness but are seldom present in significant concentrations.	Durezza dell'Acqua	Contenuto totale di ioni di calcio e magnesio nell'acqua; sebbene anche altri ioni metallici contribuiscano alla durezza dell'acqua, raramente raggiungono concentrazioni significative.
Water Softening	The removal of Calcium and Magnesium ions from water (along with any other significant metal ions present).	Addolcimento dell'Acqua	Rimozione degli ioni di calcio e magnesio dall'acqua (oltre che di eventuali ioni metallici presenti in misura significativa).
Weathering	The oxidation, rusting, or other degradation of a material due to weather effects.	Meteorizzazione	Ossidazione, ruggine, o altra forma di degrado di un materiale a causa degli agenti atmosferici.
Wind Turbine	A mechanical device designed to capture energy from wind moving past a propeller or vertical blade of some sort, thereby turning a rotor inside a generator to generate electrical energy.	Turbina Eolica	Dispositivo meccanico progettato per catturare energia dal movimento del vento che sollecita un'elica o una pala verticale di qualche tipo, così azionando il rotore all'interno di un generatore per produrre energia elettrica.

CHAPTER 4

ITALIAN TO ENGLISH

Italian	Italian	English	English
AA	Spettrofotometro di assorbimento atomico; strumento usato per verificare la presenza di specifici metalli in campioni solidi o liquidi.	AA	Atomic Absorption Spectrophotometer; an instrument to test for specific metals in soils and liquids.
A Zero Emissioni	Una condizione in cui la quantità netta di anidride carbonica, o di altri composti del carbonio, emessi in atmosfera o utilizzati nel corso di un processo o attività, è bilanciata da azioni intraprese, in genere nello stesso tempo, per ridurre o compensare tali emissioni o usi.	Carbon Neutral	A condition in which the net amount of carbon dioxide or other carbon compounds emitted into the atmosphere or otherwise used during a process or action is balanced by actions taken, usually simultaneously, to reduce or offset those emissions or uses.
Acido Coniugato	Una specie chimica che si forma quando una base riceve un protone; in pratica, una base con aggiunto uno ione di idrogeno.	Conjugate Acid	A species formed by the reception of a proton by a base; in essence, a base with a hydrogen ion added to it.
Acqua Interstiziale	Acqua intrappolata nei pori del suolo o nelle particelle biosolide.	Interstitial Water	Water trapped in the pore spaces between soil or biosolid particles.
Acqua Vicinale	Acqua intrappolata in prossimità o in aderenza a particelle biosolide o di terreno.	Vicinal Water	Water which is trapped next to or adhering to soil or biosolid particles.
Acque Grigie	Le acque grigie sono acque provenienti dagli scarichi dei lavandini dei bagni, delle docce, delle vasche da bagno e delle lavatrici. A differenza delle acque	Grey Water	Greywater is gently used water from bathroom sinks, showers, tubs, and washing machines. It is water that has not come into contact with feces,

Italian	Italian	English	English
	di scarico dai WC o dal lavaggio di pannolini, le acque grigie non sono state in contatto con feci.		either from the toilet or from washing diapers.
Acque Nere	Acque di fognatura o altre acque reflue contaminate da rifiuti di origine umana come materia fecale e urina.	Black water	Sewage or other waste-water contaminated with human wastes.
Acque Reflue	Acqua contaminata e non più adatta al suo scopo originario.	Wastewater	Water which has become contaminated and is no longer suitable for its intended purpose.
Acque Sotterranee	Le acque sotterranee sono i depositi d'acqua presenti sotto la superficie terrestre, specificamente all'interno degli spazi porosi del suolo e nelle fratture di forma-zioni rocciose.	Groundwater	Groundwater is the water present beneath the Earth surface in soil pore spaces and in the fractures of rock formations.
Acquifero	Uno strato impermea-bile di roccia o di suolo non consolidato che può accumulare una quantità di acqua sfruttabile in qualche modo.	Aquifer	A unit of rock or an unconsolidated soil deposit that can yield a usable quantity of water.
Acquitrino	Una zona umida dominata da specie vegetali erbacee, anziché da piante legnose. Si trova spesso ai bordi di laghi e corsi d'acqua, dove rappresenta un ambiente di transizione tra l'eco-sistema acquatico e quello terrestre. Gli acquitrini sono spesso dominati da piante erbacee, giunchi o canne. Le eventuali piante legnose sono solitamente degli arbusti bassi. La limitata presenza di piante legnose è ciò che distingue gli acquitrini da altri tipi di zone umide, come le paludi e le torbiere.	Marsh	A wetland dominated by herbaceous, rather than woody, plant species; often found at the edges of lakes and streams, where they form a transi-tion between the aquatic and terrestrial ecosys-tems. They are often dominated by grasses, rushes or reeds. Woody plants present tend to be low-growing shrubs. This vegetation is what differentiates marshes from other types of wetland such as swamps, and mires.
Addolcimento dell'Acqua	Rimozione degli ioni di calcio e magnesio dall'ac-qua (oltre che di eventuali ioni metallici presenti in misura significativa).	Water Softening	The removal of Calcium and Magnesium ions from water (along with any other significant metal ions present).

Italian	Italian	English	English
Adiabatico	Dicesi di una condizione o trasformazione fisica di un sistema termodinamico caratterizzata dall'assenza di scambi di calore con l'ambiente circostante.	Adiabatic	Relating to or denoting a process or condition in which heat does not enter or leave the system concerned during a period of study.
Aerobico	Che riguarda, coinvolge o richiede consumo di ossigeno.	Aerobic	Relating to, involving, or requiring free oxygen.
Aerobio	Un tipo di organismo che necessita di ossigeno per moltiplicarsi.	Aerobe	A type of organism that requires Oxygen to propagate.
Aerodinamico	Avente forma che riduce la resistenza all'aria, acqua o altro fluido.	Aerodynamic	Having a shape that reduces the drag from air, water or any other fluid moving past an object.
Aerofita	Una pianta Epifite.	Aerophyte	An Epiphyte.
Agenti Chelanti	Gli agenti chelanti sono sostanze o composti chimici che reagiscono con i metalli pesanti, riordinandone la composizione chimica e migliorandone la propensione a legare con altri metalli, nutrienti o sostanze. Quando questi legami si verificano, il metallo che ne risulta si chiama "chelato."	Chelating Agents	Chelating agents are chemicals or chemical compounds that react with heavy metals, rearranging their chemical composition and improving their likelihood of bonding with other metals, nutrients, or substances. When this happens, the metal that remains is known as a "chelate."
Agglomerazione	Processo di aggregazione delle particelle dissolte nell'acqua o nelle acque reflue in particelle grandi abbastanza da essere flocculate in solidi sedimentabili.	Agglomeration	The coming together of dissolved particles in water or wastewater into suspended particles large enough to be flocculated into settlable solids.
Allotropo	Elemento chimico che, nello stesso stato fisico, può esistere in due o più forme ma con diverse strutture chimiche.	Allotrope	A chemical element that can exist in two or more different forms, in the same physical state, but with different structural modifications.
AMO (Oscillazione Multidecennale Atlantica)	Corrente oceanica che si ipotizza influenzi la temperatura superficiale dell'Oceano Atlantico secondo cicli di intensità e durata multidecennale variabili.	AMO (Atlantic Multidecadal Oscillation)	An ocean current that is thought to affect the sea surface temperature of the North Atlantic Ocean based on different modes and on different multidecadal timescales.

Italian	Italian	English	English
Anaerobico	Detto di un organismo che non necessita di ossigeno libero per respirare o vivere. Il metabolismo e la crescita di questi organismi si basano tipicamente sull'azoto, ferro o altri metalli.	Anaerobic	Related to organisms that do not require free oxygen for respiration or life. These organisms typically utilize nitrogen, iron, or some other metals for metabolism and growth.
Anaerobo	Un tipo di organismo che non necessita di ossigeno per moltiplicarsi e che, per questo scopo, può usare azoto, solfati o altri composti.	Anaerobe	A type of organism that does not require Oxygen to propagate, but can use nitrogen, sulfates, and other compounds for that purpose.
Anammox	Acronimo di ANaerobic AMMonium OXidation; un importante processo microbico del ciclo dell'azoto, nonché marchio registrato di una tecnologia di rimozione dell'ammonio basata sull'annamox.	Anammox	An abbreviation for "Anaerobic AMMonium OXidation", an important microbial process of the nitrogen cycle; also the trademarked name for an anammox-based ammonium removal technology.
Anello Eterociclico	Un anello di atomi di più di un tipo; più comunemente, un anello di atomi di carbonio contenenti almeno un atomo diverso dal carbonio.	Heterocyclic Ring	A ring of atoms of more than one kind; most commonly, a ring of carbon atoms containing at least one non-carbon atom.
Anfotero	Molecola o ione che può reagire sia come acido sia come base.	Amphoterism	When a molecule or ion can react both as an acid and as a base.
Anione	Uno ione a carica negativa.	Anion	A negatively charged ion.
AnMBR	Bioreattore a Membrana Anaerobico	AnMBR	Anaerobic Membrane Bioreactor
Anossico	Caratterizzato dalla totale assenza di ossigeno, tipicamente associato all'acqua. Diverso da "anaerobico", che si riferisce a batteri che vivono in un ambiente anossico.	Anoxic	The total depletion of oxygen; generally distinguished from "anaerobic" which describes bacteria that live in an anoxic environment.
Anticlinale	Una piega geologica a forma di arco in cui gli strati rocciosi più antichi sono concentrati nel nucleo.	Anticline	A type of geologic fold that is an arch-like shape of layered rock which has its oldest layers at its core.

Italian	Italian	English	English
Antro-pogenico	Causato dall'attività umana.	Anthropo-genic	Caused by human activity.
Antropologia	Lo studio della vita e della storia umana.	Anthropology	The study of human life and history.
Antropomor-fismo	L'attribuzione di caratte-ristiche o comportamenti umani a esseri o cose non umane, come per esempio un animale.	Anthropo-morphism	The attribution of human characteristics or behavior to a non-hu-man object, such as an animal.
Antro-ponegazione	Negazione delle caratteri-stiche antropogeniche negli esseri umani.	Anthro-podenial	The denial of anthropo-genic characteristics in humans.
Base Coniugata	Una specie chimica che si forma quando un acido perde un protone; in pra-tica, un acido privato di uno ione di idrogeno.	Conjugate Base	A species formed by the removal of a proton from an acid; in essence, an acid minus a hydrogen ion.
Batterio (plurale Batteri)	Un microrganismo unicellulare, in alcuni casi patogeno, dotato di pareti cellulari ma privo di organuli e di un nucleo organizzato.	Bacterium(a)	A unicellular micro-organism that has cell walls, but lacks organ-elles and an organized nucleus, including some that can cause disease.
Bentonico	Un aggettivo che descrive il suolo e i sedimenti subacquei dove vivono vari organismi "bentonici".	Benthic	An adjective describing sediments and soils beneath a water body where various "benthic" organisms live.
Biochar	Un carbone utilizzato come fertilizzante del terreno.	Biochar	Charcoal used as a soil supplement.
Biochimico	Legato ai processi chimici di origine biologica che avvengono negli organismi viventi.	Biochemical	Related to the biolog-ically driven chemical processes occurring in living organisms.
Biocombu-stibile	Combustibile ottenuto attraverso processi biolo-gici, come la digestione anaerobica di biomasse, anziché processi geologici che caratterizzano invece la produzione di combusti-bili fossili, come il carbone e il petrolio.	Biofuel	A fuel produced through current biological pro-cesses, such as anaerobic digestion of organic matter, rather than being produced by geological processes such as fossil fuels, such as coal and petroleum.
Biofilm	Qualsiasi gruppo di microrganismi le cui cel-lule si mantengono unite l'una all'altra aderendo a una superficie, come	Biofilm	Any group of microor-ganisms in which cells stick to each other on a surface, such as on the surface of the media in

Italian	Italian	English	English
	avviene per esempio sulla pellicola di un filtro percolatore o per la melma biologica su un filtro a sabbia a lenta filtrazione.		a trickling filter or the biological slime on a slow sand filter.
Biofiltrazione	Tecnica di controllo dell'inquinamento basata su organismi viventi che catturano e degradano biologicamente i materiali inquinanti.	Biofiltration	A pollution control technique using living material to capture and biologically degrade process pollutants.
Biofloccula-zione	Il raggruppamento di sostanze organiche fini in aggregati di maggiori dimensioni attraverso l'azione di specifici batteri e alghe. In molti casi, la bioflocculazione consente una sedimentazione più rapida e completa dei solidi organici presenti nelle acque reflue.	Bioflocculation	The clumping together of fine, dispersed organic particles by the action of specific bacteria and algae, often resulting in faster and more complete settling of organic solids in wastewater.
Biomassa	Materia organica derivante da organismi viventi o morti da poco.	Biomass	Organic matter derived from living, or recently living, organisms.
Biopellicola	Vedi: Biofilm	Biofilter	See: Trickling Filter
Bioreattore	Una cisterna, contenitore o stagno in cui si effettua un processo biologico, solitamente associato al trattamento delle acque reflue o alla purificazione dell'acqua.	Bioreactor	A tank, vessel, pond or lagoon in which a biological process is being performed, usually associated with water or wastewater treatment or purification.
Bioreattore a Membrana	Combina un processo a membrana, come la micro-filtrazione o ultrafiltra-zione, con un bioreattore a fanghi attivi.	Membrane Bioreactor	The combination of a membrane process like microfiltration or ultrafiltration with a suspended growth bioreactor.
Bioreattore a Membrana Anaerobico	Processo di trattamento delle acque reflue che utilizza una membrana per svolgere le funzioni di separarazione di gas, liquidi e solidi e di riten-zione della biomassa.	Anaerobic Membrane Bioreactor	A high-rate anaerobic wastewater treatment process that uses a membrane barrier to perform the gas-liq-uid-solids separation and reactor biomass retention functions.

Italian	Italian	English	English
Biorecro	Un processo brevettato per rimuovere CO_2 dall'atmosfera e stoccarla permanentemente sotto terra.	Biorecro	A proprietary process that removes CO_2 from the atmosphere and store it permanently below ground.
Biotrasformazione	Trasformazione chimica dal punto di vista biologico di composti chimici come gli elementi nutritivi, gli amminoacidi, le tossine e i farmaci, che ha luogo durante il trattamento delle acque reflue.	Biotransformation	The biologically driven chemical alteration of compounds such as nutrients, amino acids, toxins, and drugs in a wastewater treatment process.
BOD	Richiesta Biochimica di Ossigeno; una misura della concentrazione di contaminanti organici nell'acqua.	BOD	Biological Oxygen Demand; a measure of the strength of organic contaminants in water.
Cairn	Mucchio (o pila) di pietre fatto dall'uomo usato in molte parti del mondo per segnalare sentieri sugli altipiani, nelle brughiere, nel deserto, nella tundra, nonché in prossimità di vette alpine, corsi d'acqua e scogliere.	Cairn	A human-made pile (or stack) of stones typically used as trail markers in many parts of the world, in uplands, on moorland, on mountaintops, near waterways and on sea cliffs, as well as in barren deserts and tundra.
Capillarità	La tendenza di un liquido in un tubo capillare o in un materiale assorbente ad aumentare o diminuire di livello a causa della tensione superficiale.	Capillarity	The tendency of a liquid in a capillary tube or absorbent material to rise or fall as a result of surface tension.
Cariceto	Un ambiente di bassa altitudine coperto parzialmente o completamente da acqua e caratterizzato solitamente dalla presenza di terreni torbosi alcalini. I cariceti si trovano sui pendii, nelle pianure o nelle depressioni terrestri e ricevono acqua sia dalle precipitazioni atmosferiche sia dalle acque superficiali.	Fen	A low-lying land area that is wholly or partly covered with water and usually exhibits peaty alkaline soils. A fen is located on a slope, flat, or depression and gets its water from both rainfall and surface water.
Carico Idraulico Superficiale	Il volume di liquido scaricato sulla superficie di un filtro, terra o altro materiale per unità di superficie e unità di tempo; per esempio litri/metro quadrato/minuto.	Hydraulic Loading	The volume of liquid that is discharged to the surface of a filter, soil, or other material per unit of area per unit of time, such as gallons/square foot/minute.

Italian	Italian	English	English
Catalisi	Il cambiamento, di solito positivo, nella velocità di una reazione chimica grazie alla presenza di una sostanza aggiuntiva, detta catalizzatore, che non prende parte alla reazione, ma che ne cambia la velocità.	Catalysis	The change, usually an increase, in the rate of a chemical reaction due to the participation of an additional substance, called a catalyst, which does not take part in the reaction but changes the rate of the reaction.
Catalizzatore	Una sostanza che causa la catalisi modificando la velocità di una reazione chimica senza essere consumata nel corso della reazione.	Catalyst	A substance that cause Catalysis by changing the rate of a chemical reaction without being consumed during the reaction.
Catione	Uno ione a carica positiva.	Cation	A positively charged ion.
Cavitazione	Nei liquidi, la cavitazione è la formazione di zone di vapore, o piccole bolle di vapore, a causa dell'azione di forze su di esso. Si verifica di solito quando un liquido è sottoposto a rapidi cambiamenti di pressione, come sul lato posteriore delle lame di una pompa centrifuga, dove si formano cavità di bassa pressione locale.	Cavitation	Cavitation is the formation of vapor cavities, or small bubbles, in a liquid as a consequence of forces acting upon the liquid. It usually occurs when a liquid is subjected to rapid changes of pressure, such as on the back side of a pump vane, that cause the formation of cavities where the pressure is relatively low.
Chelante	Un composto chimico rappresentato da un anello eterociclico contenente uno ione metallico legato ad almeno due ioni non metallici attraverso un legame coordinativo.	Chelants	A chemical compound in the form of a heterocyclic ring, containing a metal ion attached by coordinate bonds to at least two nonmetal ions.
Chelato	Un composto contenente un legante (tipicamente organico) legato in due o più punti a un atomo metallico centrale.	Chelate	A compound containing a ligand (typically organic) bonded to a central metal atom at two or more points.
Chelatore	Un agente legante che sopprime l'attività chimica attraverso la formazione di chelati.	Chelators	A binding agent that suppresses chemical activity by forming chelates.
Chelazione	Una reazione chimica che lega ioni e molecole con ioni metallici e che	Chelation	A type of bonding of ions and molecules to metal ions that involves

Italian	Italian	English	English
	comporta la formazione o la presenza di due o più legami coordinativi tra un legante polidentato (con legami multipli) e un singolo atomo centrale; trattasi solitamente di un composto organico.		the formation or presence of two or more separate coordinate bonds between a polydentate (multiple bonded) ligand and a single central atom; usually an organic compound.
Ciclo dell'Acqua	Il ciclo dell'acqua descrive il continuo movimento dell'acqua al di sopra della, sulla e al di sotto della superficie terrestre.	Water Cycle	The water cycle describes the continuous movement of water on, above and below the surface of the Earth.
Ciclo Idrologico	Il ciclo idrologico descrive il continuo movimento dell'acqua al di sopra della, sulla e al di sotto della superficie terrestre.	Hydrologic Cycle	The hydrological cycle describes the continuous movement of water on, above and below the surface of the Earth.
Circo Glaciale	Valle a forma di anfiteatro generata dall'erosione glaciale sul lato di una montagna.	Cirque	An amphitheater-like valley formed on the side of a mountain by glacial erosion.
Cirro	I cirri sono nubi sottili e filamentose che si formano solitamente ad altitudini superiori a 6000 metri.	Cirrus Cloud	Cirrus clouds are thin, wispy clouds that usually form above 18,000 feet.
Clorazione	L'atto di aggiungere cloro all'acqua o ad altre sostanze, tipicamente per scopi di disinfezione.	Chlorination	The act of adding chlorine to water or other substances, typically for purposes of disinfection.
Coagulazione	Il processo per cui i solidi disciolti si uniscono in particelle fini sospese che avviene durante la potabilizzazione dell'acqua o la depurazione delle acque reflue.	Coagulation	The coming together of dissolved solids into fine suspended particles during water or wastewater treatment.
COD	Domanda chimica di ossigeno (acronimo inglese di "Chemical Oxygen Demand"); rappresenta la quantità di ossigeno necessaria per la completa ossidazione per via chimica dei composti organici ed inorganici presenti in un campione di acqua ed è una misura del contenuto di contaminanti chimici presenti nell'acqua.	COD	Chemical Oxygen Demand; a measure of the strength of chemical contaminants in water.

Italian	Italian	English	English
Coefficiente di Hazen-Williams	Una relazione empirica tra il flusso d'acqua in un tubo, le proprietà fisiche del tubo e il calo di pressione provocato dall'attrito.	Hazen-Williams Coefficient	An empirical relationship which relates the flow of water in a pipe with the physical properties of the pipe and the pressure drop caused by friction.
Coliformi	Un tipo di batteri utilizzati come marcatori per determinare la presenza o assenza di organismi patogeni nell'acqua.	Coliform	A type of Indicator Organism used to determine the presence or absence of pathogenic organisms in water.
Combustione di Gas (anche noto con il termine inglese "Flaring")	Pratica che consiste nel bruciare i gas di scarto degli impianti industriali e delle discariche per evitare che questi gas non controllati inquinino l'atmosfera. Il gas flaring è una pratica che contribuisce all'emissione di anidride carbonica.	Flaring	The burning of flammable gasses released from manufacturing facilities and landfills to prevent pollution of the atmosphere from the released gases.
Composti Sequestranti	Vedi: Chelanti	Sequestering Agents	See: Chelates
Composto Organico Eterociclico	Un composto eterociclico è un composto chimico a struttura circolare i cui anelli hanno atomi di almeno due elementi diversi.	Heterocyclic Organic Compound	A heterocyclic compound is a material with a circular atomic structure that has atoms of at least two different elements in its rings.
Concentazione Molale	Vedi: Molalità	Molal Concentration	See: Molality
Concentrazione	Massa per unità di volume di un elemento chimico, minerale o composto in una miscela.	Concentration	The mass per unit of volume of one chemical, mineral or compound in another.
Concentrazione di Quantità di Sostanza	Molarità	Amount Concentration	Molarity
Concentrazione di una Sostanza	Vedi: Molarità	Substance Concentration	See: Molarity
Concentrazione Molare	Vedi: Molarità	Molar Concentration	See: Molarity

Italian	Italian	English	English
Conducibilità Idraulica	La conducibilità idraulica è una proprietà dei suoli e delle rocce, che descrive la facilità con cui un fluido (tipicamente l'acqua) può muoversi attraverso pori o fratture. Dipende dalla permeabilità intrinseca del materiale, dal grado di saturazione, e dalla densità e viscosità del fluido.	Hydraulic Conductivity	Hydraulic conductivity is a property of soils and rocks, that describes the ease with which a fluid (usually water) can move through pore spaces or fractures. It depends on the intrinsic permeability of the material, the degree of saturation, and on the density and viscosity of the fluid.
Confor-mazioni Fluvioglaciali	Depositi di terra prodotti dallo scioglimento dei ghiacciai, come per esempio i drumlin e gli esker.	Fluvioglacial Landforms	Landforms molded by glacial meltwater, such as drumlins and eskers.
Contaminante	Un sostantivo che definisce una sostanza mescolata a o incorporata in un'altra sostanza altrimenti pura; l'uso di questo termine suggerisce solitamente un impatto negativo del contaminante sulle qualità o caratteristiche della sostanza pura.	Contaminant	A noun meaning a substance mixed with or incorporated into an oth-erwise pure substance; the term usually implies a negative impact from the contaminant on the quality or characteristics of the pure substance.
Contaminare	Aggiungere un composto o una sostanza chimica a un'altra sostanza altrimenti pura.	Contaminate	A verb meaning to add a chemical or compound to an otherwise pure substance.
Conversione Termomecca-nica	Relativo a o progettato per trasformare l'energia ter-mica in lavoro meccanico.	Thermo-mechanical Conversion	Relating to or designed for the transformation of heat energy into mechan-ical work.
Corrente a Getto	Flussi d'aria di pic-cola sezione presenti nella parte superiore dell'atmosfera o nella troposfera. Le principali correnti a getto negli Stati Uniti si trovano vicino alla tropopausa e scorrono generalmente da ovest verso est.	Jet Stream	Fast flowing, narrow air currents found in the upper atmosphere or troposphere. The main jet streams in the United States are located near the altitude of the tropo-pause and flow generally west to east.

Italian	Italian	English	English
Corrente Critica	La corrente critica è un caso speciale di corrente in cui il numero di Froude (che è un numero adimensionale) è uguale a 1; oppure una corrente in cui: la velocità diviso la radice quadrata di (accelerazione di gravità moltiplicata per il tirante idrico) = 1. (Confronta con: Corrente Supercritica e Corrente Subcritica).	Critical Flow	Critical flow is the special case where the Froude number (dimensionless) is equal to 1; or the velocity divided by the square root of (gravitational constant multiplied by the depth) =1 (Compare to Supercritical Flow and Subcritical Flow).
Corrente Subcritica (o Lenta)	La corrente subcritica è quel caso particolare di corrente in cui il numero (adimensionale) di Froude è minore di 1, ossia la velocità divisa per la radice quadrata del prodotto tra costante gravitazionale e profondità <= 1. (Confronta con: Corrente Subcritica e Corrente Critica).	Subcritical Flow	Subcritical flow is the special case where the Froude number (dimensionless) is less than 1. i.e. The velocity divided by the square root of (gravitational constant multiplied by the depth) = <1 (Compare to Critical Flow and Supercritical Flow).
Corrente Supercritica (o Veloce)	La corrente supercritica è quel caso particolare di corrente in cui il numero (admimensionale) di Froude è maggiore di 1, ossia la velocità divisa per la radice quadrata del prodotto tra costante gravitazionale e profondità >= 1. (Confronta con: Corrente Subcritica e Corrente Critica).	Supercritical Flow	Supercritical flow is the special case where the Froude number (dimensionless) is greater than 1. i.e. The velocity divided by the square root of (gravitational constant multiplied by the depth) = >1 (Compare to Subcritical Flow and Critical Flow).
Cost-Effective (termine inglese), Redditizio	Che produce buoni risultati in relazione al denaro speso; economicamente efficiente.	Cost-Effective	Producing good results for the amount of money spent; economical or efficient.
Costo del Ciclo di Vita	Un metodo per valutare il costo totale di un impianto di produzione o di un'altra opera umana. Tiene conto di tutti i costi di produzione, manutenzione e smaltimento di un edificio, complesso, o altra	Life-Cycle Costs	A method for assessing the total cost of facility or artifact ownership. It takes into account all costs of acquiring, owning, and disposing of a building, building system, or other artifact.

Italian	Italian	English	English
	opera. Questo metodo è particolarmente utile per confrontare la convenienza di diverse alternative progettuali che soddisfano identici requisiti prestazionali ma hanno diversi costi iniziali e operativi.		This method is especially useful when project alternatives that fulfill the same performance requirements, but have different initial and operating costs, are to be compared to maximizes net savings.
Crisalide	La crisalide è un involucro rigido che circonda la pupa durante lo sviluppo di insetti come le farfalle.	Chrysalis	The chrysalis is a hard casing surrounding the pupa as insects such as butterflies develop.
Cumulo-nembo	Nube a sviluppo verticale che si forma in condizioni di instabilità atmosferica (per es., durante un temporale) grazie al vapore acqueo spinto verticalmente da potenti correnti d'aria.	Cumulonim-bus Cloud	A dense towering vertical cloud associated with thunderstorms and atmospheric instability, formed from water vapor carried by powerful upward air currents.
Cunicolo	Opera ingegneristica sotterranea che attraversa la sede stradale con un'altra struttura per consentire il passaggio di acqua o animali senza interrompere la funzione della struttura sovrastante e senza esporre gli animali a rischio o pericolo.	Culvert	An engineered opening beneath a road or other structure that allows free passage of water or animals under the road or other structure without disruption to the road or other structure or danger to the animals.
Curva di Efficienza	Dati tradotti in un diagramma o grafico per indicare una terza variabile utilizzando un grafico bi-dimensionale. Le linee rappresentano l'efficienza alla quale un sistema meccanico opera in funzione di due parametri dipendenti riportati sugli assi delle x e delle y del grafico. Di solito, le curve di efficienza si usano per indicare l'efficienza di pompe o motori sottoposti a diverse condizioni.	Efficiency Curve	Data plotted on a graph or chart to indicate a third dimension on a two-dimensional graph. The lines indicate the efficiency with which a mechanical system will operate as a function of two dependent parameters plotted on the x and y axes of the graph. Commonly used to indicate the efficiency of pumps or motors under various operating conditions.

Italian	Italian	English	English
Cwm	Piccola valle montana o circo glaciale. (Vedi: Circo Glaciale).	Cwm	A small valley or cirque on a mountain.
Deamminifi-cazione	Processo in due fasi di rimozione dell'ammoniaca in cui batteri ammonio-os-sidanti (AOB) convertono l'ammoniaca in nitriti e poi in azoto.	Deammonifi-cation	A two-step biological ammonia removal process involving two different biomass populations, in which aerobic ammonia oxi-dizing bacteria (AOB) nitrify ammonia to a nitrite form and then to nitrogen gas.
Deposito Glaciale	Materiale trascinato da un ghiacciaio in scioglimento e depositato al di là della morena.	Glacial Out-wash	Material carried away from a glacier by meltwater and deposited beyond the moraine.
Di Marea	Influenzato dall'azione delle maree oceaniche crescenti o calanti.	Tidal	Influenced by the action of ocean tides rising or falling.
Diossano	Un composto organico eterociclico che si presenta come un liquido incolore dal tenuo odore dolce.	Dioxane	A heterocyclic organic compound; a colorless liquid with a faint sweet odor.
Diossina	La diossina e le molecole diossino-simili sono sotto-prodotti di molti processi industriali; trattasi di composti altamente tossici tra cui inquinanti ambien-tali e inquinanti organici persistenti (POP).	Dioxin	Dioxins and dioxin-like compounds (DLCs) are by-products of various industrial processes, and are commonly regarded as highly toxic compounds that are environmental pollutants and persistent organic pollutants (POPs).
Dissalazione	Processo di rimozione della frazione salina da acque contenenti sale, usato anche per ottenere acqua potabile.	Desalination	The removal of salts from a brine to create a potable water.
Drumlin	Formazione geologica collinare che si forma durante lo scioglimento di un ghiacciaio dalla forma allungata o a goccia e composta da ghiaia di diversa dimensione; l'asse maggiore del drumlin è parallelo alla direzione di scioglimento del ghiaccio.	Drumlin	A geologic formation resulting from glacial activity in which a well mixed gravel formation of multiple grain sizes that forms an elongated or ovular, teardrop shaped, hill as the glacier melts; the blunt end of the hill points in

Italian	Italian	English	English
			the direction the glacier originally moved over the landscape
Durezza dell'Acqua	Contenuto totale di ioni di calcio e magnesio nell'acqua; sebbene anche altri ioni metallici contribuiscano alla durezza dell'acqua, raramente raggiungono concentrazioni significative.	Water Hardness	The sum of the Calcium and Magnesium ions in the water; other metal ions also contribute to hardness but are seldom present in significant concentrations.
Ecologia	Studio e analisi scientifica delle interazioni tra gli organismi e il loro ambiente.	Ecology	The scientific analysis and study of interactions among organisms and their environment.
Economia	Branca del sapere che studia la produzione, il consumo e il trasferimento di ricchezza.	Economics	The branch of knowledge concerned with the production, consumption, and transfer of wealth.
Effusione	L'emissione o lo scarico di un liquido, luce o odore, che si associa generalmente a una perdita o scarico di dimensione relativamente piccola.	Effusion	The emission or giving off of something such as a liquid, light, or smell, usually associated with a leak or a small discharge relative to a large volume.
El Niño	La fase calda di El Niño-Oscillazione Meridionale, caratterizzata da una corrente oceanica calda che si sviluppa nel Pacifico Equatoriale Centrale e Centro-Orientale, inclusa la costa pacifica sudamericana. El Niño è accompagnato da alta pressione sull'Oceano Pacifico Occidentale e bassa pressione sull'Oceano Pacifico Orientale.	El Niño	The warm phase of the El Niño Southern Oscillation, associated with a band of warm ocean water that develops in the central and east-central equatorial Pacific, including off the Pacific coast of South America. El Niño is accompanied by high air pressure in the western Pacific and low air pressure in the eastern Pacific.
El Niño-Oscillazione Meridionale	El Niño-Oscillazione Meridionale si riferisce al ciclico alternarsi di temperature calde e fredde, misurate al livello del mare, che investe l'Oceano Pacifico Centro-Meridionale e Orientale.	El Niño Southern Oscillation	The El Niño Southern Oscillation refers to the cycle of warm and cold temperatures, as measured by sea surface temperature, of the tropical central and eastern Pacific Ocean.

Italian	Italian	English	English
Energia Idroelettrica	L'energia idroelettrica è energia elettrica generata sfruttando la forza gravitazionale di un flusso d'acqua o la caduta dell'acqua da un dislivello.	Hydroelectricity	Hydroelectricity is electricity generated through the use of the gravitational force of falling or flowing water.
ENSO	El Niño-Oscillazione Meridionale (sigla di El Niño-Southern Oscillation)	ENSO	El Niño Southern Oscillation
Entalpia	Una misura dell'energia interna di un sistema termodinamico.	Enthalpy	A measure of the energy in a thermodynamic system.
Entomologia	Il ramo della zoologia che si occupa dello studio degli insetti.	Entomology	The branch of zoology that deals with the study of insects.
Entropia	Una quantità termodinamica che rappresenta l'indisponibilità di energia termica in un sistema ai fini della sua conversione in lavoro meccanico, spesso interpretata come grado di disordine o caos nel sistema. In base alla seconda legge della termodinamica, l'entropia di un sistema isolato non diminuisce mai.	Entropy	A thermodynamic quantity representing the unavailability of the thermal energy in a system for conversion into mechanical work, often interpreted as the degree of disorder or randomness in the system. According to the second law of thermodynamics, the entropy of an isolated system never decreases.
Eone	Un periodo di tempo molto lungo, tipicamente misurato in milioni di anni.	Eon	A very long time period, typically measured in millions of years.
Epifite	Una pianta che cresce al di sopra del suolo, sostenuta in maniera non parassitaria da un'altra pianta o da un oggetto e che deriva acqua e nutrimento da pioggia, aria e polvere; anche detta "Pianta Aerea".	Epiphyte	A plant that grows above the ground, supported non-parasitically by another plant or object and deriving its nutrients and water from rain, air, and dust; an "Air Plant."
Equazione di Continuità	Espressione matematica della legge di conservazione della massa usata in fisica, idraulica, ecc.; viene usata per calcolare cambiamenti di stato che mantengono inalterata la massa complessiva del sistema sotto esame.	Continuity Equation	A mathematical expression of the Conservation of Mass theory; used in physics, hydraulics, etc., to calculate changes in state that conserve the overall mass of the system being studied.

Italian	Italian	English	English
Esker	Una lunga, stretta cresta di sabbia e ghiaia, a volte contenente massi, creata dalle acque di scorrimento all'interno o alla base di masse glaciali in scioglimento.	Esker	A long, narrow ridge of sand and gravel, sometimes with boulders, formed by a stream of water melting from beneath or within a stagnant, melting, glacier.
Esosfera	Strato piú esterno dell'atmosfera. É uno strato sottile in cui le molecole sono attratte gravitazionalmente dalla Terra, ma la loro densità è troppo bassa perché si comportino come un gas entrando in collisione tra loro, per cui alcune abbandonano l'atmosfera e si disperdono nello spazio esterno.	Exosphere	A thin, atmosphere-like volume surrounding Earth where molecules are gravitationally bound to the planet, but where the density is too low for them to behave as a gas by colliding with each other.
Estero	Un tipo di composto organico, tipicamente profumato, prodotto dalla reazione di un acido con un alcool.	Ester	A type of organic compound, typically quite fragrant, formed from the reaction of an acid and an alcohol.
Estetica	Lo studio della bellezza e del gusto e l'interpretazione delle opere d'arte e dei movimenti artistici.	Aesthetics	The study of beauty and taste, and the interpretation of works of art and art movements.
Estuario	Foce di un fiume che sbocca in mare aperto o nell'oceano in un unico canale o ramo.	Estuary	A water passage where a tidal flow meets a river flow.
Eutrofizzazione	Risposta di un ecosistema acquatico all'aggiunta di sostanze nutritive naturali o artificiali, principalmente nitrati e fosfati; per esempio, la proliferazione di alghe o l'aumento di fitoplancton in un corpo idrico a causa dell'aumento dei livelli di sostanze nutritive in esso contenute. Il termine di solito caratterizza un invecchiamento dell'ecosistema e la progressiva trasformazione da corpo idrico aperto in stagno o da lago in zona umida, quindi in regione paludosa e, infine, in area boschiva.	Eutrophication	An ecosystem response to the addition of artificial or natural nutrients, mainly nitrates and phosphates to an aquatic system; such as the "bloom" or great increase of phytoplankton in a water body as a response to increased levels of nutrients. The term usually implies an aging of the ecosystem and the transition from open water in a pond or lake to a wetland, then to a marshy swamp, then to a fen, and ultimately to upland areas of forested land.

Italian	Italian	English	English
Fanghi Attivi	Processo di depurazione delle acque reflue e reflue industiali attraverso l'uso di aria e schiume biologiche composte da batteri e protozoi.	Activated Sludge	A process for treating sewage and industrial wastewaters using air and a biological floc composed of bacteria and protozoa.
Farmaci	Composti destinati a usi medicali; spesso persistono nell'ambiente. Vedi: Rifiuti Recalcitranti.	Pharmaceuticals	Compounds manufactured for use in medicines; often persistent in the environment. See: Recalcitrant Wastes.
Fenocristallo	Il cristallo più grande in una roccia porfirica.	Phenocryst	The larger crystals in a porphyritic rock.
Fermentazione	Un processo biologico in cui batteri, lieviti o altri microorganismi decompongono una sostanza, spesso rilasciando calore o gas.	Fermentation	A biological process that decomposes a substance by bacteria, yeasts, or other microorganisms, often accompanied by heat and off-gassing.
Fermentazione al Buio	Processo di conversione di un substrato organico in bioidrogeno attraverso la fermentazione in assenza di luce.	Dark Fermentation	The process of converting an organic substrate to biohydrogen through fermentation in the absence of light.
Filtro Percolatore	Un sistema di trattamento delle acque reflue costituito da un letto fisso di rocce, lava, coke, ghiaia, scorie metalliche, poliuretano espanso, torba di sfagno, ceramica, o supporti di plastica, su cui vengono lentamente versate acque di scarico o altre acque reflue, provocando così la crescita di uno strato di melma microbica (biofilm) che ricopre il letto di supporto e che, nel mentre, rimuove le sostanze nutrienti e i batteri nocivi.	Trickling Filter	A type of wastewater treatment system consisting of a fixed bed of rocks, lava, coke, gravel, slag, polyurethane foam, sphagnum peat moss, ceramic, or plastic media over which sewage or other wastewater is slowly trickled, causing a layer of microbial slime (biofilm) to grow, covering the bed of media, and removing nutrients and harmful bacteria in the process.
Flocculazione	L'aggregazione di particelle fini sospese nell'acqua o nelle acque reflue in particelle di dimensioni sufficienti alla sedimentazione.	Flocculation	The aggregation of fine suspended particles in water or wastewater into particles large enough to settle out during a sedimentation process.

Italian	Italian	English	English
Flusso Anulare Meridionale	Fenomeno ricorrente di variabilità climatica dei flussi atmosferici su scala emisferica che avviene nell'emisfero australe e non è associato all'alternanza delle stagioni.	Southern Annular Flow	A hemispheric-scale pattern of climate variability in atmospheric flow in the southern hemisphere that is not associated with seasonal cycles.
Flusso Bloccato ("Choked")	Il flusso bloccato ("choked") è un flusso di cui non si può aumentare la portata modificando la pressione relativa tra i due lati di una valvola o di una restrizione. Il flusso sotto la restrizione è detto Subcritico, mentre il flusso sopra la restrizione è detto Critico.	Choked Flow	Choked flow is that flow at which the flow cannot be increased by a change in Pressure from before a valve or restriction to after it. Flow below the restriction is called Subcritical Flow above the restriction is called Critical Flow.
Flusso e Riflusso	Diminuire e aumentare in modo ciclico, come per esempio nelle maree.	Ebb and Flow	To decrease then increase in a cyclic pattern, such as tides.
Flusso Laminare	In fluidodinamica, si parla di flusso laminare quando un fluido scorre lungo strati paralleli, senza alcun rimescolamento tra i diversi strati. A basse velocità, il liquido tende a fluire senza miscelazione laterale. Non ci sono correnti perpendicolari alla direzione di flusso, né vortici o ricircolazioni dei fluidi.	Laminar Flow	In fluid dynamics, laminar flow occurs when a fluid flows in parallel layers, with no disruption between the layers. At low velocities, the fluid tends to flow without lateral mixing. There are no cross-currents perpendicular to the direction of flow, nor eddies or swirls of fluids.
FOG (Trattamento Acque Reflue)	Grassi, Oli e Lubrificanti	FOG (Wastewater Treatment)	Fats, Oil, and Grease
Fognatura	L'infrastruttura fisica che trasporta le acque reflue, costituita da tubi, pozzetti, bacini di raccolta, ecc.	Sewerage	The physical infrastructure that conveys sewage, such as pipes, manholes, catch basins, etc.
Forza Centrifuga	Termine usato in meccanica newtoniana per riferirsi a una forza vettoriale che tende ad allontanare radialmente rispetto all'asse di rotazione tutti gli oggetti	Centrifugal Force	A term in Newtonian mechanics used to refer to an inertial force directed away from the axis of rotation that appears to act on all

Italian	Italian	English	English
	in un sistema di riferimento solidale alla forza. È una forza apparente che sembra esistere nel sistema di riferimento non inerziale del corpo in movimento.		objects when viewed in a rotating reference frame.
Forza Centripeta	È la forza che porta un corpo a seguire una traiettoria curvilinea o circolare. La direzione della forza centripeta è sempre ortogonale al moto del corpo e rivolta verso il centro di rotazione istantanea della traiettoria. Isaac Newton descrisse la forza centripeta come "la forza per effetto della quale i corpi sono attratti, spinti, o comunque tendono verso un qualche punto come verso un centro."	Centripetal Force	A force that makes a body follow a curved path. Its direction is always at a right angle to the motion of the body and towards the instantaneous center of curvature of the path. Isaac Newton described it as "a force by which bodies are drawn or impelled, or in any way tend, towards a point as to a centre."
Forza d'Inerzia	Una forza apparente percepita da un soggetto sottoposto ad accelerazione o a rotazione. Serve a confermare la validità delle leggi del moto di Newton. Per esempio, la sensazione di essere schiacciati sul sedile di un veicolo in accelerazione.	Inertial Force	A force as perceived by an observer in an accelerating or rotating frame of reference, that serves to confirm the validity of Newton's laws of motion, e.g. the perception of being forced backward in an accelerating vehicle.
Fossorio	Dicesi di un animale capace di scavare il suolo e vivere sottoterra, come il tasso, la talpa senza pelo, la salamandra talpa e simili creature.	Fossorial	Relating to an animal that is adapted to digging and life underground such as the badger, the naked mole-rat, the mole salamanders and similar creatures.
Fotofermentazione	Processo di conversione di un substrato organico in bioidrogeno attraverso la fermentazione indotta dalla luce.	Photofermentation	The process of converting an organic substrate to biohydrogen through fermentation in the presence of light.
Fotosintesi	Processo usato dalle piante e da altri organismi per convertire l'energia della luce, di solito proveniente dal Sole, in energia chimica utilizzabile dall'organismo per la crescita e la riproduzione.	Photosynthesis	A process used by plants and other organisms to convert light energy, normally from the Sun, into chemical energy that can be used by the organism to drive growth and propagation.

Italian	Italian	English	English
Fracking	La fratturazione idraulica è una tecnica di stimolazione dei giacimenti sotterranei attraverso la fratturazione della roccia per mezzo di un liquido ad alta pressione.	Fracking	Hydraulic fracturing is a well-stimulation technique in which rock is fractured by a pressurized liquid.
Fratturazione Idraulica	Vedi: Fracking	Hydraulic Fracturing	See: Fracking
Gas Serra	Un gas presente nell' atmosfera che assorbe ed emette radiazioni nella banda di frequenza dell'infrarosso termico; di solito, i gas serra si associano alla distruzione dello strato di ozono nello strato superiore dell'atmosfera terrestre e all'intrappolamento di energia termica nell'atmosfera che causa il riscaldamento globale.	Greenhouse Gas	A gas in an atmosphere that absorbs and emits radiation within the thermal infrared range; usually associated with destruction of the ozone layer in the upper atmosphere of the earth and the trapping of heat energy in the atmosphere leading to global warming.
GC	Gascromatografo: uno strumento utilizzato per misurare i composti organici volatili e semi-volatili presenti nei gas.	GC	Gas Chromatograph— an instrument used to measure volatile and semi-volatile organic compounds in gases.
GC-MS	Un gascromatografo abbinato a uno spettrometro di massa.	GC-MS	A GC coupled with an MS.
Geologia	Una scienza della terra che comprende lo studio della Terra solida, delle rocce di cui è composta e dei suoi processi di cambiamento.	Geology	An earth science comprising the study of solid Earth, the rocks of which it is composed, and the processes by which they change.
Germe	In biologia, dicesi di un microrganismo, in particolare di uno che causa malattie. In agricoltura, il termine si riferisce al seme di certe piante.	Germ	In biology, a microorganism, especially one that causes disease. In agriculture the term relates to the seed of specific plants.
Gerotor	Una pompa volumetrica.	Gerotor	A positive displacement pump.
Ghiacciaio	Una massa o fiume di ghiaccio che si forma dall'accumulo e dalla compattazione di neve sulle montagne o vicino ai poli e si muove lentamente lungo i pendii.	Glacier	A slowly moving mass or river of ice formed by the accumulation and compaction of snow on mountains or near the poles.

Italian	Italian	English	English
Giornaliero	Che ricorre ogni giorno, come un compito giornaliero, oppure che ricorre secondo cicli di un giorno, come una marea a frequenza giornaliera.	Diurnal	Recurring every day, such as diurnal tasks, or having a daily cycle, such as diurnal tides.
Gneiss	Lo gneiss (pronunciato "gnais") è una roccia metamorfica con granuli minerali di grandi dimensioni disposti lungo ampi piani paralleli. Lo gneiss si riferisce a un tipo di struttura rocciosa, non a una particolare composizione minerale.	Gneiss	Gneiss ("nice") is a metamorphic rock with large mineral grains arranged in wide bands. It means a type of rock texture, not a particular mineral composition.
GPR	Georadar (dall'inglese *Ground Penetrating Radar*)	GPR	Ground Penetrating Radar
GPS	Sistema di posizionamento globale (dall'inglese: Global Positioning System); un sistema di navigazione satellitare che fornisce la posizione e l'orario in qualsiasi condizione atmosferica, in qualunque punto sulla Terra o nelle sue vicinanze in cui vi sia un contatto privo di ostacoli con quattro o più satelliti GPS.	GPS	The Global Positioning System; a space-based navigation system that provides location and time information in all weather conditions, anywhere on or near the Earth where there is a simultaneous unobstructed line of sight to four or more GPS satellites.
Gravità Specifica	Rapporto tra la densità di un materiale e quella di un materiale di riferimento; oppure rapporto tra la massa per unità di volume di un materiale e la massa per unità di volume di un materiale di riferimento.	Specific Gravity	The ratio of the density of a substance to the density of a reference substance; or the ratio of the mass per unit volume of a substance to the mass per unit volume of a reference substance.
HAWT	Turbina Eolica ad Asse Orizzontale	HAWT	Horizontal Axis Wind Turbine
Idraulica	L'idraulica è quella branca delle scienze applicate e dell'ingegneria che si occupa delle proprietà meccaniche dei liquidi o dei fluidi.	Hydraulics	Hydraulics is a topic in applied science and engineering dealing with the mechanical properties of liquids or fluids.

Italian	Italian	English	English
Idroelettrico	Un aggettivo che descrive un sistema o un dispositivo alimentato da energia idroelettrica.	Hydroelectric	An adjective describing a system or device powered by hydroelectric power.
Idrofratturazione	Vedi: Fracking	Hydrofracking	See: Fracking
Idrofratturazione	Vedi: Fracking	Hydrofracturing	See: Fracking
Idrologia	L'idrologia è lo studio scientifico del movimento, della distribuzione e della qualità dell'acqua.	Hydrology	Hydrology is the scientific study of the movement, distribution, and quality of water.
Idrologo	Uno studioso di idrologia.	Hydrologist	A practitioner of hydrology.
Immagine	Lo stadio finale e di sviluppo completo di un insetto, tipicamente alato.	Imago	The final and fully developed adult stage of an insect, typically winged.
Indicatore Biologico	Un organismo facilmente rilevabile che si sviluppa di solito in presenza di altri organismi patogeni e, vice versa, non si sviluppa in loro assenza.	Indicator Organism	An easily measured organism that is usually present when other pathogenic organisms are present and absent when the pathogenic organisms are absent.
Infettare vs. Infestare	"Infettare" significa contaminare con un organismo patogeno, come per esempio virus o batteri. "Infestare" indica la presenza di un elevato numero di elementi indesiderati, come per esempio i topi che infestano una casa o i ratti che infestano un'area urbana.	Infect vs. Infest	To "Infect" means to contaminate with disease-producing organisms, such as germs or viruses. To "Infest" means for something unwanted to be present in large numbers, such as mice infesting a house or rats infesting a neighborhood.
Insetti Olometaboli	Insetti che subiscono una metamorfosi completa, passando attraverso quattro stadi della vita: embrione, larva, pupa e immagine.	Holometabolous Insects	Insects that undergo a complete metamorphosis, going through four life stages: embryo, larva, pupa and imago.
Intensità dell'Isola di Calore Urbana	La differenza di temperatura tra la zona urbana più calda e la temperatura media nelle aree rurali circostanti definisce l'intesità o la magnitudine dell'isola di calore urbano.	Urban Heat Island Intensity	The difference between the warmest urban zone and the base rural temperature defines the intensity or magnitude of an Urban Heat Island.

Italian	Italian	English	English
Invertebrati	Animali che non possiedono e non sviluppano una colonna vertebrale, tra i quali: gli insetti, i granchi, le aragoste e i loro parenti, le lumache, le vongole, i polpi e i loro parenti, le stelle marine, i ricci di mare e i loro parenti, i vermi.	Invertebrates	Animals that neither possess nor develop a vertebral column, including insects; crabs, lobsters and their kin; snails, clams, octopuses and their kin; starfish, sea-urchins and their kin; and worms, among others
Ione	Un atomo o una molecola il cui numero di elettroni è diverso dal numero di protoni, conferendo perciò all'atomo o alla molecola una carica elettrica netta positiva o negativa.	Ion	An atom or a molecule in which the total number of electrons is not equal to the total number of protons, giving the atom or molecule a net positive or negative electrical charge.
Ipereutrofia	Vedi: Eutrofizzazione	Hypertrophication	See: Eutrophication
Isola di Calore	Vedi: Isola di Calore Urbana	Heat Island	See: Urban Heat Island
Isola di Calore Urbana	Un'isola di calore urbana è una città o un'area metropolitana significativamente più calda delle aree rurali circostanti, in genere a causa dell'attività umana. La differenza di temperatura è di solito maggiore di notte, ed è più evidente quando i venti sono deboli.	Urban Heat Island	An urban heat island is a city or metropolitan area that is significantly warmer than its surrounding rural areas, usually due to human activities. The temperature difference is usually larger at night than during the day, and is most apparent when winds are weak.
Kettle	Un corpo d'acqua poco profondo pieno di sedimenti formatosi dal ritiro dei ghiacciai o dal drenaggio delle acque alluvionali. I kettle sono conformazioni fluvioglaciali che si creano dal distacco di blocchi di ghiaccio dal fronte di un ghiacciao in ritiro e che vengono parzialmente o interamente sepolti dai depositi di dilavamento glaciale.	Kettle Hole	A shallow, sediment-filled body of water formed by retreating glaciers or draining floodwaters. Kettles are fluvioglacial landforms occurring as the result of blocks of ice calving from the front of a receding glacier and becoming partially to wholly buried by glacial outwash.

Italian	Italian	English	English
La Niña	La fase fredda di El Niño-Oscillazione Meridionale, caratterizzata da temperature superficiali nell'Oceano Pacifico Orientale sotto alla media, da alta pressione atmosferica nel Pacifico Orientale e basse pressione nel Pacifico Occidentale.	El Niña	The cool phase of El Niño Southern Oscillation associated with sea surface temperatures in the eastern Pacific below average and air pressures high in the eastern and low in western Pacific.
Legame di Coordinazione	Tipo di legame chimico tra due atomi che si forma quando un atomo condivide una coppia di elettroni con un altro atomo altrimenti privo di questi due elettroni. Viene anche detto legame dativo.	Coordinate Bond	A covalent chemical bond between two atoms that is produced when one atom shares a pair of electrons with another atom lacking such a pair. Also called coordinate covalent bond.
Lente	In geologia, una lente è lo spazio interno a uno strato di roccia dove si può accumulare un liquido, tipicamente petrolio.	Lens Trap	A defined space within a layer of rock in which a fluid, typically oil, can accumulate.
Lidar	Il Lidar (anche scritto LIDAR, LiDAR o LADAR) è una tecnologia di telerilevamento per la misurazione della distanza. Funziona illuminando un oggetto con luce laser e analizzandone la luce riflessa.	Lidar	Lidar (also written LIDAR, LiDAR or LADAR) is a remote sensing technology that measures distance by illuminating a target with a laser and analyzing the reflected light.
Ligando	In chimica, dicesi di uno ione o una molecola legati a un atomo metallico attraverso un legame di coordinazione. In biochimica, dicesi di una molecola legata a un'altra molecola (tipicamente più grande).	Ligand	In chemistry, an ion or molecule attached to a metal atom by coordinate bonding. In biochemistry, a molecule that binds to another (usually larger) molecule.
Liquame	Fango solido o semi-solido ottenuto come sottoprodotto del trattamento delle acque reflue, come deposito del trattamento convenzionale dell'acqua	Sludge	A solid or semi-solid slurry produced as a by-product of wastewater treatment processes or as a settled suspension obtained from

Italian	Italian	English	English
	potabile, o creatosi da numerosi altri processi industriali.		conventional drinking water treatment and numerous other industrial processes.
Livello di Contaminanti	Termine impropriamente usato per indicare la concentrazione di un contaminante.	Contaminant Level	A misnomer incorrectly used to indicate the concentration of a contaminant.
Luce Polarizzata	Luce riflessa o trasmessa in modo che tutte le oscillazioni d'onda avvengano su un unico piano.	Polarized Light	Light that is reflected or transmitted through certain media so that all vibrations are restricted to a single plane.
Macrofite	Una pianta, per lo più acquatica, che è abbastanza grande da essere visibile a occhio nudo.	Macrophyte	A plant, especially an aquatic plant, large enough to be seen by the naked eye.
Macrofite Acquatiche	Le macrofite acquatiche comprendono migliaia di specie di macrofite, per lo più macroalghe, fanerogame marine e mangrovie, che crescono sui fondali poco profondi delle zone costiere.	Marine Macrophyte	Marine macrophytes comprise thousands of species of macrophytes, mostly macroalgae, seagrasses, and mangroves, that grow in shallow water areas in coastal zones
MBR	Vedi: Bioreattore a Membrana	MBR	See: Membrane Reactor
Meccanica Quantistica	Un ramo della fisica che studia i processi che coinvolgono atomi e fotoni.	Quantum Mechanics	A fundamental branch of physics concerned with processes involving atoms and photons.
Mesopausa	Al confine tra la mesosfera e la termosfera.	Mesopause	The boundary between the mesosphere and the thermosphere.
Mesosfera	Il terzo grande strato di atmosfera terrestre che si trova direttamente sopra la stratopausa e direttamente sotto la mesopausa. Il limite superiore della mesosfera è la mesopausa, che può essere il luogo naturale più freddo della Terra con temperature fino a $-100°C$ ($-146°F$ o 173 K).	Mesosphere	The third major layer of Earth atmosphere that is directly above the stratopause and directly below the mesopause. The upper boundary of the mesosphere is the mesopause, which can be the coldest naturally occurring place on Earth with temperatures as low as $-100°F$ ($-146°F$ or 173 K).

Italian	Italian	English	English
Metamorfosi	Un processo biologico attraverso il quale un animale si sviluppa fisicamente dopo la nascita o la schiusa, che implica un cambiamento evidente e relativamente brusco nella struttura del corpo attraverso la crescita e la differenziazione cellulare.	Metamorphosis	A biological process by which an animal physically develops after birth or hatching, involving a conspicuous and relatively abrupt change in body structure through cell growth and differentiation.
Meteorizzazione	Ossidazione, ruggine, o altra forma di degrado di un materiale a causa degli agenti atmosferici.	Weathering	The oxidation, rusting, or other degradation of a material due to weather effects.
Microbica	Che coinvolge, che è causato da, o che è fatto di microbi.	Microbial	Involving, caused by, or being microbes.
Microbo	Organismo microscopico mono-cellulare.	Microbe	Microscopic single-cell organisms.
Microinquinanti	Sostanze organiche o minerali che presentano caratteristiche tossiche, persistenti e bioaccumulabili che possono avere un effetto negativo sull'ambiente e/o sugli organismi.	Micropollutants	Organic or mineral substances that exhibit toxic, persistent and bioaccumulative properties that may have a negative effect on the environment and/or organisms.
Microrganismo	Un organismo vivente microscopico, che può essere monocellulare o pluricellulare.	Microorganism	A microscopic living organism, which may be single celled or multicellular.
Milliequivalente	Un millesimo (10^{-3}) del peso equivalente di un elemento, radicale o composto.	Milliequivalent	One thousandth (10^{-3}) of the equivalent weight of an element, radical, or compound.
Modalità Anulare Settentrionale (Indice NAM)	Fenomeno ricorrente di variabilità climatica dei flussi atmosferici su scala emisferica che avviene nell'emisfero settentrionale e non è associato all'alternanza delle stagioni.	Northern Annular Mode	A hemispheric-scale pattern of climate variability in atmospheric flow in the northern hemisphere that is not associated with seasonal cycles.
Molalità	La molalità, anche chiamata concentrazione molale, è la misura della concentrazione di un soluto in una soluzione in termini di quantità di sostanza in una data massa di solvente.	Molality	Molality, also called molal concentration, is a measure of the concentration of a solute in a solution in terms of amount of substance in a specified mass of the solvent.

Italian	Italian	English	English
Molarità	La molarità è la misura della concentrazione di un soluto in una soluzione, o di qualsiasi specie chimica in termini di massa di sostanza in un dato volume. Un'unità comunemente usata per esprimere la concentrazione molare in chimica è mol/dm^3. Una soluzione di concentrazione 1 mol/dm^3 è anche definita come 1 molare (1 M).	Molarity	Molarity is a measure of the concentration of a solute in a solution, or of any chemical species in terms of the mass of substance in a given volume. A commonly used unit for molar concentration used in chemistry is mol/L. A solution of concentration 1 mol/L is also denoted as 1 molar (1 M).
Mole (Chimica)	Quantità di sostanza chimica che contiene tanti atomi, molecole, ioni, elettroni e fotoni quanti il numero di atomi presenti in 12 grammi di carbonio-12 (^{12}C), l'isotopo del carbonio con una massa atomica relativa di 12 per definizione. Tale numero è noto come costante di Avogadro, che ha un valore di $6.0221412927 \times 10^{23}$ mol^{-1}.	Mole (Chemistry)	The amount of a chemical substance that contains as many atoms, molecules, ions, electrons, or photons, as there are atoms in 12 grams of carbon-12 (^{12}C), the isotope of carbon with a relative atomic mass of 12 by definition. This number is expressed by the Avogadro constant, which has a value of $6.0221412927 \times 10^{23}$ mol^{-1}.
Momento Torcente	La propensione di una forza torcente a ruotare un oggetto attorno a un asse, fulcro o perno.	Torque	The tendency of a twisting force to rotate an object about an axis, fulcrum, or pivot.
Monetizza-zione	La conversione di fattori non monetari in un'unità monetaria standard per confrontare alternative (di produzione, investimento, ecc.) con la stessa unità di misura.	Monetization	The conversion of non-monetary factors to a standardized monetary value for purposes of equitable comparison between alternatives.
Morena	Un accumulo di rocce e sedimenti depositati da un ghiacciaio, tipicamente come creste ai bordi o alle estremità.	Moraine	A mass of rocks and sediment deposited by a glacier, typically as ridges at its edges or extremity.
Morfologia	Una branca della biologia che studia la forma e la struttura esterna degli organismi animali e vegetali.	Morphology	The branch of biology that deals with the form and structure of an organism, or the form and structure of the organism thus defined.

Italian	Italian	English	English
MS	Spettrometro di massa.	MS	A Mass Spectrophotometer or Mass Spectroscopy.
MtBE	Metil-t-Butil Etere	MtBE	Methyl-tert-Butyl Ether
Multidecennale	Una sequenza temporale di durata superiore a un decennio, ossia 10 anni.	Multidecadal	A timeline that extends across more than one decade, or 10 year, span.
Nanotubo	Un nanotubo è un cilindro di particelle atomiche il cui diametro è dell'ordine di grandezza di un miliardesimo di metro (o nanometro). I nanotubi possono essere fatti di una varietà di materiali, più comunemente di carbonio.	Nanotube	A nanotube is a cylinder made up of atomic particles and whose diameter is around one to a few billionths of a meter (or nanometers). They can be made from a variety of materials, most commonly, Carbon.
Nanotubo di Carbonio	Vedi: Nanotubo	Carbon Nanotube	See: Nanotube
NAO (Oscillazione Nord Atlantica)	Un fenomeno meteorologico localizzato nell'Oceano Atlantico Settentrionale e caratterizato da fluttuazioni cicliche della differenza di pressione al livello del mare tra la depressione d'Islanda e l'anticiclone delle Azzorre. Determina la forza e la direzione dei venti occidentali e delle perturbazioni nell'Oceano Atlantico Settentrionale.	NAO (North Atlantic Oscillation)	A weather phenomenon in the North Atlantic Ocean of fluctuations in atmospheric pressure differences at sea level between the Icelandic low and the Azores high that controls the strength and direction of westerly winds and storm tracks across the North Atlantic.
Navicella (o Gondola)	Involucro di forma aerodinamica che contiene la turbina e l'apparecchiatura meccanica in una turbina eolica.	Nacelle	Aerodynamically-shaped housing that holds the turbine and operating equipment in a wind turbine.
Numero di Froude	Numero adimensionale definito come il rapporto tra una velocità caratteristica e la velocità dell'onda gravitazionale. Può anche essere definito come il rapporto tra la forza d'inerzia e la forza peso. In meccanica dei fluidi, il numero di Froude viene utilizzato per determinare la resistenza incontrata da un oggetto parzialmente sommerso che si muove attraverso un fluido.	Froude Number	A dimensionless number defined as the ratio of a characteristic velocity to a gravitational wave velocity. It may also be defined as the ratio of the inertia of a body to gravitational forces. In fluid mechanics, the Froude number is used to determine the resistance of a partially submerged object moving through a fluid.

Italian	Italian	English	English
Numero di Reynolds	Numero adimensionale che indica la turbolenza relativa del flusso di un fluido. È proporzionale al rapporto tra {(forza d'inerzia)/(forza viscosa)} ed è utilizzato nella quantità di moto, nel calore e nel trasferimento di massa per tener conto della similarità dinamica.	Reynolds Number	A dimensionless number indicating the relative turbulence of flow in a fluid. It is proportional to {(inertial force)/(viscous force)} and is used in momentum, heat, and mass transfer to account for dynamic similarity.
OHM	Petrolio e Sostanze Pericolose	OHM	Oil and Hazardous Materials
Ombrotrofico	Termine riferito di solito a piante che ottengono la maggior parte della propria acqua dalla pioggia.	Ombrotrophic	Refers generally to plants that obtain most of their water from rainfall.
Ordine di Grandezza	Un multiplo di dieci. Per esempio, 10 è di un ordine di grandezza maggiore di 1 e 1000 è di tre ordini di grandezza maggiore di 1. Ciò vale anche per altri numeri, perciò 50 è di un ordine di grandezza superiore a 4, per esempio.	Order of Magnitude	A multiple of ten. For example, 10 is one order of magnitude greater than 1 and 1000 is three orders of magnitude greater than 1. This also applies to other numbers, such that 50 is one order of magnitude higher than 4, for example.
Organismo Autotrofo	Una pianta tipicamente microscopica che sintetizza il proprio nutrimento da sostanze organiche semplici.	Autotrophic Organism	A typically microscopic plant capable of synthesizing its own food from simple organic substances.
Organismo Eterotrofo	Organismi che utilizzano composti organici per il proprio nutrimento.	Heterotrophic Organism	Organisms that utilize organic compounds for nourishment.
Organismo Facoltativo	Un organismo che può crescere in condizioni sia aerobiche sia anaerobiche; in genere una delle due viene prediletta: aerobi e anaerobi facoltativi.	Facultative Organism	An organism that can propagate under either aerobic or anaerobic conditions; usually one or the other conditions is favored: as Facultative Aerobe or Facultative Anaerobe.
Oscillazione	La variazione periodica di una misura, di solito nel corso del tempo, attorno al proprio valore centrale o di equilibrio, o tra due o più stati chimici o fisici differenti.	Oscillation	The repetitive variation, typically in time, of some measure about a central or equilibrium, value or between two or more different chemical or physical states.

Italian	Italian	English	English
Oscillazione Artica	Un indice descrittivo (variabile nel corso del tempo e senza particolari periodicità) dei principali cambiamenti non stagionali del livello del mare a nord del 20° parallelo nord, caratterizzato da anomalie di pressione all'artico e anomalie di pressione di segno opposto centrate tra il 37° ed il 45° parallelo nord.	AO (Arctic Oscillations)	An index (which varies over time with no particular periodicity) of the dominant pattern of non-seasonal sea-level pressure variations north of 20N latitude, characterized by pressure anomalies of one sign in the Arctic with the opposite anomalies centered about 37–45N.
Osmosi	Movimento spontaneo di molecole disciolte, attraverso una membrana semipermeabile, nella direzione tendente a equilibrare la concentrazione di soluto nei due lati della membrana.	Osmosis	The spontaneous net movement of dissolved molecules through a semi-permeable membrane in the direction that tends to equalize the solute concentrations both sides of the membrane.
Ossidazione Chimica	La perdita di elettroni da parte di una molecola, un atomo o uno ione nel corso di una reazione chimica.	Chemical Oxidation	The loss of electrons by a molecule, atom or ion during a chemical reaction.
Ossidoriduzione	Il termine è una contrazione dei due termini inglesi *reduction*, riduzione, e *oxidation*, ossidazione. Una reazione di riduzione avviene sempre assieme a una reazione di ossidazione. Le reazioni redox comprendono tutte le reazioni chimiche in cui cambia il numero di ossidazioni degli atomi; in generale, le reazioni redox implicano un trasferimento di elettroni da una specie chimica a un'altra.	Redox	A contraction of the name for a chemical reduction-oxidation reaction. A reduction reaction always occurs with an oxidation reaction. Redox reactions include all chemical reactions in which atoms have their oxidation state changed; in general, redox reactions involve the transfer of electrons between chemical species.
Ozonizzazione	Il trattamento o la combinazione di una sostanza o di un composto con l'ozono.	Ozonation	Combining a substance or compound with ozone.
Paleolitico	Detto di qualcosa databile agli inizi dell'Età della Pietra; per esempio, i primi utensili di pietra.	Protolithic	Characteristic of something related to the very beginning of the Stone Age, such as protolithic stone tools, for example.

Italian	Italian	English	English
Palude	Zona di terra pianeggiante, spesso allagata, tipicamente dominata da piante legnose.	Swamp	An area of low-lying land; frequently flooded, and especially one dominated by woody plants.
Pascal	Unità di misura del Sistema Internazionale usata per indicare la pressione, la pressione interna, lo sforzo, il modulo di Young e il carico di rottura; definita come un newton per metro quadro.	Pascal	The SI derived unit of pressure, internal pressure, stress, Young's modulus and ultimate tensile strength; defined as one newton per square meter.
Patogeno	Un organismo, solitamente un batterio o un virus, che causa o è capace di causare malattie negli esseri umani.	Pathogen	An organism, usually a bacterium or a virus, which causes, or is capable of causing, disease in humans.
PBC	Bifenili Policlorurati	PCB	Polychlorinated Biphenyl
Peso Specifico	Peso per unità di volume di un materiale o di una sostanza.	Specific Weight	The weight per unit volume of a material or substance.
Peso Unitario	Vedi: Peso Specifico	Unit Weight	See: Specific Weight
pH	Misura della concentrazione di ioni idrogeno nell'acqua; un indice dell'acidità dell'acqua.	pH	A measure of the hydrogen ion concentration in water; an indication of the acidity of the water.
Pianta Aerea	Una pianta Epifite.	Air Plant	An Epiphyte.
Pirolisi	Combustione o rapida ossidazione di una sostanza organica in assenza di ossigeno libero.	Pyrolysis	Combustion or rapid oxidation of an organic substance in the absence of free oxygen.
pOH	Una misura della concentrazione di ioni ossidrile nell'acqua; un indice dell'alcalinità dell'acqua.	pOH	A measure of the hydroxyl ion concentration in water; an indication of the alkalinity of the water.
Polidentato	Legato all'atomo centrale in un complesso di coordinazione tramite uno o più legami. Vedi: Leganti e Chelati.	Polydentate	Attached to the central atom in a coordination complex by two or more bonds —See: Ligands and Chelates.
Pompa Peristaltica	Tipo di pompa volumetrica usata per pompare una varietà di fluidi. Il fluido è contenuto in un	Peristaltic Pump	A type of positive displacement pump used for pumping a variety of fluids. The fluid is

Italian	Italian	English	English
	tubo flessibile inserito tipicamente in una pompa a involucro circolare. Un rotore alla cui ciconferenza esterna sono applicati diversi rulli che comprimono progressivamente il tubo, provocando l'avanzamento del fluido.		contained within a flexible tube fitted inside a (usually) circular pump casing. A rotor with a number of "rollers", "shoes", "wipers", or "lobes" attached to the external circumference of the rotor compresses the flexible tube sequentially, causing the fluid to flow in one direction.
Porfido	Termine petrografico che identifica una roccia vulcanica costituita da cristalli a grana grossa, come feldspati o quarzo, dispersi in una matrice a grana fine.	Porphyry	A textural term for an igneous rock consisting of large-grain crystals such as feldspar or quartz dispersed in a fine-grained matrix.
Pressione Osmotica	La pressione minima che deve essere applicata a una soluzione per impedire il passaggio del solvente nel senso naturale di diffusione attraverso una membrana semipermeabile. Viene anche definita come la misura della tendenza di una soluzione a consumare acqua per osmosi.	Osmotic Pressure	The minimum pressure which needs to be applied to a solution to prevent the inward flow of water across a semipermeable membrane. It is also defined as the measure of the tendency of a solution to take in water by osmosis.
Processo Adiabatico	Un processo termodinamico privo di scambi di calore o materia tra il sistema in esame e l'ambiente circostante.	Adiabatic Process	A thermodynamic process that occurs without transfer of heat or matter between a system and its surroundings.
Processo Termodinamico	Il passaggio di un sistema termodinamico da uno stato iniziale a uno finale di equilibrio termodinamico.	Thermodynamic Process	The passage of a thermodynamic system from an initial to a final state of thermodynamic equilibrium.
Protolite	La roccia primaria di un metamorfismo dalla quale si forma poi una specifica roccia metamorfica. Per esempio, il protolite del marmo è il calcare e, vice versa, il marmo è la forma metamorfica del calcare.	Protolith	The original, unmetamorphosed rock from which a specific metamorphic rock is formed. For example, the protolith of marble is limestone., since marble is a metamorphosed form of limestone.

Italian	Italian	English	English
Punto di Rottura nella Clorazione	Metodo per determinare la minima concentrazione di cloro necessaria in una fonte d'acqua per soddisfarne la domanda chimica di cloro in modo che il cloro supplementare sia disponibile per la disinfezione dell'acqua.	Breakpoint Chlorination	A method for determining the minimum concentration of chlorine needed in a water supply to overcome chemical demands so that additional chlorine will be available for disinfection of the water.
Pupa	Stadio della vita di alcuni insetti che subiscono uno sviluppo metamorfico. Lo stadio di pupa si manifesta solo negli insetti olometaboli, cioè quelli che subiscono una metamorfosi completa passando attraverso quattro stadi di vita: embrione, larva, pupa e immagine.	Pupa	The life stage of some insects undergoing transformation. The pupal stage is found only in holometabolous insects, those that undergo a complete metamorphosis, going through four life stages: embryo, larva, pupa and imago.
Quantità vs. Concentrazione	La quantità è una misura di massa di qualcosa; per esempio, 5mg di sodio. La concentrazione indica il rapporto tra la massa di un soluto e il volume totale della soluzione in cui esso è disciolto, tipicamente acqua; per esempio, mg di sodio per litro di acqua (mg/L).	Amount vs. Concentration	An amount is a measure of a mass of something, such as 5 mg of sodium. A concentration relates the mass of solute to a volume of solvent, typically water; for example: mg/L of Sodium per liter of water, or mg/L.
Quota Piezometrica	La forza esercitata da una colonna verticale di liquido espressa dall'altezza del liquido sopra al punto di misurazione della pressione.	Head (Hydraulic)	The force exerted by a column of liquid expressed by the height of the liquid above the point at which the pressure is measured.
Radar	Un sistema di rilevamento della posizione, della traiettoria e della velocità di oggetti che funziona a onde radio.	Radar	A target detection system that uses radio waves to determine the distance and angle to an object, and the velocity of a moving object.
Rapporto	Relazione matematica tra due numeri che indica quante volte il primo numero contiene il secondo.	Ratio	A mathematical relationship between two numbers indicating how many times the first number contains the second.

Italian	Italian	English	English
Reagente	Una sostanza che prende parte a una reazione chimica durante la quale subisce un cambiamento.	Reactant	A substance that takes part in and undergoes change during a chemical reaction.
Reagente	Una sostanza o miscela usata nelle analisi chimiche o in altre reazioni.	Reagent	A substance or mixture for use in chemical analysis or other reactions.
Reattività	La reattività si riferisce tipicamente alle reazioni chimiche di una singola sostanza o alle reazioni chimiche di due o più sostanze che interagiscono tra di loro.	Reactivity	Reactivity generally refers to the chemical reactions of a single substance or the chemical reactions of two or more substances that interact with each other.
Reattore a Membrana	Un dispositivo fisico che combina un processo di conversione chimica con un processo di separazione a membrana per aggiungere reagenti o rimuovere i sottoprodotti della reazione.	Membrane Reactor	A physical device that combines a chemical conversion process with a membrane separation process to add reactants or remove products of the reaction.
Reazioni Endotermiche	Un processo o una reazione in cui un sistema assorbe energia dall'ambiente circostante; di solito, ma non sempre, la reazione avviene attraverso l'assorbimento di calore.	Endothermic Reactions	A process or reaction in which a system absorbs energy from its surroundings; usually, but not always, in the form of heat.
Reazioni Esotermiche	Reazioni chimiche che liberano energia attraverso l'emissione di luce o calore.	Exothermic Reactions	Chemical reactions that release energy by light or heat.
Rendimento	Il profitto generato da un investimento, che in genere comprende qualsiasi cambiamento di valore, inclusi gli interessi, i dividendi o altri flussi di cassa percepiti dall'investitore.	Rate of Return	A profit on an investment, generally comprised of any change in value, including interest, dividends or other cash flows which the investor receives from the investment.
Riduzione Chimica	L'acquisto di elettroni da parte di una una molecola, un atomo o uno ione nel corso di una reazione chimica.	Chemical Reduction	The gain of electrons by a molecule, atom or ion during a chemical reaction.

Italian	Italian	English	English
Rifiuti Pericolosi	I rifiuti pericolosi sono rifiuti che rappresentano una minaccia immediata o potenziale per la salute pubblica o per l'ambiente.	Hazardous Waste	Hazardous waste is waste that poses substantial or potential threats to public health or the environment.
Rifiuti Recalcitranti	Rifiuti che persistono nell'ambiente per lunghi periodi di tempo o il cui degrado naturale è molto lento e che sono difficilmente degradabili negli impianti di trattamento delle acque reflue.	Recalcitrant Wastes	Wastes which persist in the environment or are very slow to naturally degrade and which can be very difficult to degrade in wastewater treatment plants.
Rifiuti Solidi Urbani	Comunemente noti come spazzatura, sono un tipo di rifiuto costituito da oggetti di uso quotidiano scartati dall'uomo. Il termine "spazzatura" può anche riferirsi specificamente ai rifiuti alimentari.	Municipal Solid Waste	Commonly known as trash or garbage in the United States and as refuse or rubbish in Britain, this is a waste type consisting of everyday items that are discarded by the public. "Garbage" can also refer specifically to food waste.
Roccia Metamorfica	Una roccia metamorfica è una roccia che è stata esposta a temperature superiori ai 150 o 200°C e a pressioni maggiori di 1500 bar, che ne hanno causato un profondo cambiamento fisico e/o chimico. La roccia da cui si origina può essere una roccia sedimentaria, vulcanica o un'altra roccia metamorifica più vecchia.	Metamorphic Rock	Metamorphic rock is rock which has been subjected to temperatures greater than 150 to 200°C and pressure greater than 1500 bars, causing profound physical and/or chemical change. The original rock may be sedimentary, igneous rock or another, older, metamorphic rock.
Roccia Porfirica	Qualsiasi roccia vulcanica costituita da cristalli grossi incastonati in una matrice di minerali più fini.	Porphyritic Rock	Any igneous rock with large crystals embedded in a finer groundmass of minerals.
Roccia Sedimentaria	Un tipo di roccia formatasi dall'accumulo di materiale sulla superficie terrestre e nei corpi d'acqua attraverso processi di sedimentazione.	Sedimentary Rock	A type of rock formed by the deposition of material at the Earth surface and within bodies of water through processes of sedimentation.
Roccia Vulcanica	Roccia formata dall'indurimento della pietra lavica.	Volcanic Rock	Rock formed from the hardening of molten rock.

Italian	Italian	English	English
Sale (Chimica)	Qualsiasi composto chimico formatosi dalla reazione di un acido con una base, con tutta o parte dell'idrogeno dell'acido sostituito da un metallo o un altro catione.	Salt (Chemistry)	Any chemical compound formed from the reaction of an acid with a base, with all or part of the hydrogen of the acid replaced by a metal or other cation.
Saprofita	Pianta, fungo, o microrganismo che si nutre di materia organica morta o in decomposizione.	Saprophyte	A plant, fungus, or microorganism that lives on dead or decaying organic matter.
Scarti Fognari	Elementi di scarto trasportati dall'acqua, in soluzione o sospensione, che comprendono generalmente escrementi umani e altri elementi delle acque reflue.	Sewage	A water-borne waste, in solution or suspension, generally including human excrement and other wastewater components.
Scolorimento	Lo scolorimento è una decolorazione a macchia nel profilo di un suolo; è un indicatore di ossidazione, di solito causata dal contatto con le acque sotterranee, che può indicare la profondità di falde sotterranee.	Mottling	Soil mottling is a blotchy discoloration in a vertical soil profile; it is an indication of oxidation, usually attributed to contact with groundwater, which can indicate the depth to a seasonal high groundwater table.
Sedimentazione	La tendenza delle particelle sospese a depositarsi nel fluido in cui sono contenute e a posarsi contro una barriera a causa della forza di gravità, dell'accelerazione centrifuga, o dell'elettromagnetismo.	Sedimentation	The tendency for particles in suspension to settle out of the fluid in which they are entrained and come to rest against a barrier due to the forces of gravity, centrifugal acceleration, or electromagnetism.
Sequestro	Processo di intrappolamento di una sostanza chimica presente nell'atmosfera o nell'ambiente e di successivo stoccaggio in una zona di deposito naturale o artificiale, come per esempio il sequestro del carbonio per prevenirne gli effetti negativi sull'ambiente.	Sequestration	The process of trapping a chemical in the atmosphere or environment and isolating it in a natural or artificial storage area, such as with carbon sequestration to remove the carbon from having a negative effect on the environment.

Italian	Italian	English	English
Sfagneto	Uno sfagneto (o torbiera alta) è un terreno naturale a forma di cupola, elevato rispetto al terreno circostante, che è alimentato prevalentemente da acque meteoriche.	Bog	A bog is a domed-shaped land form, higher than the surrounding landscape, and obtaining most of its water from rainfall.
Sintesi	La combinazione di parti o elementi sconnessi in modo da formare un tutt'uno; la creazione di una nuova sostanza dalla combinazione o separazione di elementi chimici, gruppi, o composti; o la combinazione di diversi concetti in un tutt'uno coerente.	Synthesis	The combination of disconnected parts or elements so as to form a whole; the creation of a new substance by the combination or decomposition of chemical elements, groups, or compounds; or the combining of different concepts into a coherent whole.
Sintetizzare	Creare qualcosa combinando insieme diversi elementi o combinando assieme sostanze chimiche semplici attraverso un processo chimico.	Synthesize	To create something by combining different things together or to create something by combining simpler substances through a chemical process.
Soluzione Tampone	Soluzione acquosa composta dalla combinazione di un acido debole con la sua base coniugata, o da una base debole con il suo acido coniugato. Il pH della soluzione cambia minimamente quando vi si aggiungono moderate quantità di acidi o basi forti. Per questo motivo, le soluzioni tampone vengono spesso aggiunte ad altre soluzioni per mantenerne il pH a valori quasi costanti.	Buffering	An aqueous solution consisting of a mixture of a weak acid and its conjugate base, or a weak base and its conjugate acid. The pH of the solution changes very little when a small or moderate amount of strong acid or base is added to it and thus it is used to prevent changes in the pH of a solution. Buffer solutions are used as a means of keeping pH at a nearly constant value in a wide variety of chemical applications.
Spazio dei Pori	Spazi interstiziali in una miscela di terra o in uno strato di suolo.	Pore Space	The interstitial spaces between grains of soil in a soil mixture or profile.
Spettrofotometro	Uno Spettrometro	Spectrophotometer	A Spectrometer

Italian	Italian	English	English
Spettrometria di Massa	Una tecnica di analisi delle sostanze in cui fasci di luce attraversano una miscela liquida per rilevare la presenza e la concentrazione di specifici contaminanti.	Mass Spectroscopy	A form of analysis of a compound in which light beams are passed through a prepared liquid sample to indicate the concentration of specific contaminants present.
Spettrometro	Uno strumento di laboratorio per misurare la concentrazione di diversi contaminanti potenzialmente presenti nei liquidi. Funziona modificando chimicamente il colore del contaminante e poi passando un raggio di luce attraverso il campione. Lo strumento rileva l'intensità e la densità di un certo colore nel campione e le traduce in una misura di concentrazione del contaminante corrispondente.	Spectrometer	A laboratory instrument used to measure the concentration of various contaminants in liquids by chemically altering the color of the contaminant in question and then passing a light beam through the sample. The specific test programmed into the instrument reads the intensity and density of the color in the sample as a concentration of that contaminant in the liquid.
Stagno di Maturazione	Uno stagno di affinamento a basso costo, che generalmente segue il trattamento facoltativo primario o secondario delle acque reflue.	Maturation Pond	A low-cost polishing ponds, which generally follows either a primary or secondary facultative wastewater treatment pond. Primarily designed for tertiary treatment, (i.e., the removal of pathogens, nutrients and possibly algae) they are very shallow (usually 0.9–1 m depth).
Stagno Facoltativo	Vedi: Stagno di Maturazione	Polishing Pond	See: Maturation Pond
Stagno Temporaneo	Stagni temporanei che forniscono un habitat a piante e animali caratteristici; un tipo particolare di zona umida, solitamente priva di pesci, che consente lo sviluppo di anfibi e insetti autoctoni, altrimenti incapaci, in acqua aperta, di sostenere la competizione o la predazione a opera dei pesci.	Vernal Pool	Temporary pools of water that provide habitat for distinctive plants and animals. Vernal pools are usually devoid of fish, which allows for the safe development of natal amphibian and insect species unable to withstand competition or predation by open water fish.

Italian	Italian	English	English
Stechiometria	Il calcolo delle quantità relative di reagenti e prodotti coinvolti nelle reazioni chimiche.	Stoichiometry	The calculation of relative quantities of reactants and products in chemical reactions.
Stratosfera	Il secondo dei cinque strati dell'atmosfera terrestre, appena al di sopra della troposfera e sotto alla mesosfera.	Stratosphere	The second major layer of Earth atmosphere, just above the troposphere, and below the mesosphere.
Talpa (Biologia)	Piccoli mammiferi che si sono adattati a vivere sottoterra. Hanno un corpo cilindrico, un pelo vellutato, orecchie e occhi molto piccoli e non appariscenti, arti posteriori ridotti e corti, potenti arti anteriori con zampe adatte a scavare.	Mole (Biology)	Small mammals adapted to a subterranean lifestyle. They have cylindrical bodies, velvety fur, very small, inconspicuous ears and eyes, reduced hindlimbs and short, powerful fore-limbs with large paws adapted for digging.
Tarn (Lago)	Laghetto di montagna o stagno formatosi in un circo glaciale.	Tarn	A mountain lake or pool, formed in a cirque exca-vated by a glacier.
Tasso Interno di Rendi-mento	Un metodo di calcolo del tasso di rendimento senza contare fattori esterni; il tasso di rendimento di una transazione calcolato in base ai termini della transazione stessa, anziché sulla base di uno specifico tasso di interesse.	Internal Rate of Return	A method of calculating rate of return that does not incorporate external factors; the interest rate resulting from a transac-tion is calculated from the terms of the trans-action, rather than the results of the transaction being calculated from a specified interest rate.
Tavola d'Acqua	La profondità alla quale gli spazi porosi del suolo o i vuoti e le fratture rocciose diventano completamente saturi d'acqua.	Groundwater Table	The depth at which soil pore spaces or fractures and voids in rock become completely saturated with water.
Termodina-mica	Quella branca della fisica che si occupa del calore e della temperatura e della loro relazione con l'energia e il lavoro.	Thermody-namics	The branch of physics concerned with heat and temperature and their relation to energy and work.
Termosfera	Lo strato di atmosfera terrestre direttamente sopra la mesosfera e direttamente sotto l'esosfera. All'interno di questo strato, la radia-zione ultravioletta	Thermosphere	The layer of Earth atmo-sphere directly above the mesosphere and directly below the exosphere. Within this layer, ultra-violet radiation

Italian	Italian	English	English
	provoca la fotoionizzazione e la fotodissociazione delle molecole presenti. La termosfera comincia a circa 85 km (53 mi) al di sopra della Terra.		causes photoionization and photodissociation of molecules present. The thermosphere begins about 85 kilometers (53 mi) above the Earth.
Terreno Umido	È un terreno permanentemente o stagionalmente saturo di acqua e presenta perciò condizioni anaerobiche. È utilizzato per indicare il confine delle zone umide.	Hydric Soil	Hydric soil is soil which is permanently or seasonally saturated by water, resulting in anaerobic conditions. It is used to indicate the boundary of wetlands.
TOC	Carbonio Organico Totale; una misura della quantità di contaminanti organici presenti nell'acqua.	TOC	Total Organic Carbon; a measure of the organic content of contaminants in water.
Torba (Muschio)	Materiale marrone, simile al terreno, caratteristico dei terreni paludosi acidi, composto da resti vegetali parzialmente decomposti; tagliato finemente ed essicato, puòessere impiegato nel giardinaggio e come combustibile.	Peat (Moss)	A brown, soil-like material characteristic of boggy, acid ground, consisting of partly decomposed vegetable matter; widely cut and dried for use in gardening and as fuel.
Torbiera	Un terreno paludoso privo di copertura forestale dominato da piante tipiche dei luoghi umidi come i muschi. Ci sono due tipi di torbiera—alta e bassa.	Mires	A wetland terrain without forest cover dominated by living, peat-forming plants. There are two types of mire—fens and bogs.
Tropopausa	La zona atmosferica di confine tra la troposfera e la stratosfera.	Tropopause	The boundary in the atmosphere between the troposphere and the stratosphere.
Troposfera	La porzione più bassa dell'atmosfera, contenente circa il 75% della massa atmosferica e il 99% del vapore acqueo e dell'aerosol atmosferico. In inverno, il suo spessore medio è di circa 17 km (11 mi) a latitudini intermedie, fino a 20 km (12 mi) ai tropici e circa 7 km (4,3 mi) vicino alle regioni polari.	Troposphere	The lowest portion of atmosphere; containing about 75% of the atmospheric mass and 99% of the water vapor and aerosols. The average depth is about 17 km (11 mi) in the middle latitudes, up to 20 km (12 mi) in the tropics, and about 7 km (4.3 mi) near the polar regions, in winter.

Italian	Italian	English	English
Tufo Vulcanico	Tipo di roccia formata da cenere vulcanica compattata di granulometria variabile, da sabbia fine a ghiaia grossolana.	Volcanic Tuff	A type of rock formed from compacted volcanic ash which varies in grain size from fine sand to coarse gravel.
Turbina Eolica	Dispositivo meccanico progettato per catturare energia dal movimento del vento che sollecita un'elica o una pala verticale di qualche tipo, così azionando il rotore all'interno di un generatore per produrre energia elettrica.	Wind Turbine	A mechanical device designed to capture energy from wind moving past a propeller or vertical blade of some sort, thereby turning a rotor inside a generator to generate electrical energy.
Turbina Eolica ad Asse Orizzontale	Turbine eoliche il cui asse di rotazione è orizzontale, ovvero parallelo al suolo. Questo è il tipo di turbina eolica più comunemente utilizzato nei parchi eolici.	Horizontal Axis Wind Turbine	Horizontal axis means the rotating axis of the wind turbine is horizontal, or parallel with the ground. This is the most common type of wind turbine used in wind farms.
Turbina Eolica ad Asse Verticale	Tipo di turbina eolica il cui rotore principale è trasversale al vento (ma non necessariamente verticale) mentre i componenti principali sono posizionati alla base della turbina. Questa disposizione permette di posizionare il generatore e il riduttore vicino al suolo, facilitandone la manutenzione e le riparazioni. Le turbine eoliche ad asse verticale (VAWTs) non devono necessariamente essere orientate controvento, così eliminando la necessità di sensori del moto ventoso e di meccanismi di orientamento.	Vertical Axis Wind Turbine	A type of wind turbine where the main rotor shaft is set transverse to the wind (but not necessarily vertically) while the main components are located at the base of the turbine. This arrangement allows the generator and gearbox to be located close to the ground, facilitating service and repair. VAWTs do not need to be pointed into the wind, which removes the need for wind-sensing and orientation mechanisms.
UHI	Isola di Calore Urbana	UHI	Urban Heat Island
UHII	Intensità dell'Isola di Calore Urbana	UHII	Urban Heat Island Intensity

Italian	Italian	English	English
UV	Luce Ultravioletta	UV	Ultraviolet Light
Vasche di Fermentazione	Una piccola vasca di forma conica che è talvolta posta sul fondo di uno stagno di trattamento delle acque reflue. La vasca di fermentazione serve a catturare il precipitato solido confinando così la digestione anaerobica in uno spazio minore e aumentandone quindi l'efficienza.	Fermentation Pits	A small, cone shaped pit sometimes placed in the bottom of wastewater treatment ponds to capture the settling solids for anaerobic digestion in a more confined, and therefore more efficient way.
VAWT	Turbina Eolica ad Asse Verticale	VAWT	Vertical Axis Wind Turbine
Vena Contratta	Il punto di minimo diametro sezionale (anche detta sezione trasversale) e di massima velocità di un flusso, come per esempio il flusso in uscita da un ugello o da un altro orifizio.	Vena Contracta	The point in a fluid stream where the diameter of the stream, or the stream cross-section, is the least, and fluid velocity is at its maximum, such as with a stream of fluid exiting a nozzle or other orifice opening.
Vertebrati	Un grande gruppo di specie animali contraddistinte dal possesso di una colonna vertebrale o spina dorsale, tra cui i mammiferi, gli uccelli, i rettili, gli anfibi e i pesci. (Confronta con: Invertebrati).	Vertebrates	Animals distinguished by the possession of a backbone or spinal column, including such animals as mammals, birds, reptiles, amphibians, and fishes. (Compare with invertebrate).
Virus	Qualsiasi agente submicroscopico, costituito da filamenti di RNA o DNA con rivestimento proteico, che infetta gli organismi viventi, spesso causando malattie. I virus sono sovente considerati esseri non viventi in quanto incapaci di moltiplicarsi in assenza di una cellula ospite.	Virus	Any of various submicroscopic agents that infect living organisms, often causing disease, and that consist of a single or double strand of RNA or DNA surrounded by a protein coat. Unable to replicate without a host cell, viruses are often not considered to be living organisms.

Italian	Italian	English	English
Viscosità	Misura della resistenza di un fluido alla deformazione da sforzo di taglio o sforzo normale; nei liquidi, è analoga al concetto di "densità", come per esempio la densità dello sciroppo rispetto a quella dell'acqua.	Viscosity	A measure of the resistance of a fluid to gradual deformation by shear stress or tensile stress; analogous to the concept of "thickness" in liquids, such as syrup versus water.

REFERENCES

Das, G. 2016. *Hydraulic Engineering Fundamental Concepts.* New York: Momentum Press, LLC.

Dizio, English-Italian Dictionary (2016, December). Retrieved from http://dizio.org/it

Freetranslation.com. August 2016. Retrieved from www.freetranslation.com/

French Linguistics. August 2016. "Dictionary." Retrieved from www.french-linguistics.co.uk/dictionary/

Garzanti linguistica, English-Italian Dictionary (2016, December). Retrieved from http://www.garzantilinguistica.it/

Glossario del Portale della Bioedilizia. Retrieved from http://www.portaledellabioedilizia.it/glossario#

Hopcroft, F. 2015. *Wastewater Treatment Concepts and Practices.* New York: Momentum Press, LLC.

Hopcroft, F. 2016. *Engineering Economics for Environmental Engineers.* New York: Momentum Press, LLC.

Kahl, A. 2016. *Introduction to Environmental Engineering.* New York: Momentum Press, LLC.

Negri di Montenegro et al. 2001. Sistemi energetici e loro componenti. Pitagora, 2001.

P. De Maria et al. 2011. Fondamenti di chimica organica. Zanichelli, 2011.

Pickles, C. 2016. *Environmental Site Investigation.* New York: Momentum Press, LLC.

Plourde, J.A. 2014. *Small-Scale Wind Power Design, Analysis, and Environmental Impacts.* New York: Momentum Press, LLC.

Riccardo Berardi, 2013. Fondamenti di geotecnica. CittàStudi, 2013.

Sadava et al. 2010. Biologia. La scienza della vita. I viventi e la lora storia. Con espansione online. Per le Scuole superiori. Zanichelli 2010.

Sirokman, A.C. 2016. *Applied Chemistry for Environmental Engineering.* New York: Momentum Press, LLC.

Sirokman, A.C. 2016. *Chemistry for Environmental Engineering.* New York: Momentum Press, LLC.

Trecciani Enciclopedia (2016, December). Retrieved from http://www.treccani.it/

Webster, N. 1979. *Webster's New Twentieth Century Dictionary, Unabridged.* 2nd Ed. Scotland: William Collins Publishers, Inc.

Wikipedia. March 2016. "Wikipedia.org." Retrieved from www.wikipedia.org/

Wordreference, English-Italian Dictionary (2016, December). Retrieved from http://www.wordreference.com/

Yunus A. Çengel 2011. Meccanica dei fluidi. McGraw-Hill Companies, 2011.

OTHER TITLES IN OUR ENVIRONMENTAL ENGINEERING COLLECTION

Francis J. Hopcroft, Wentworth Institute of Technology, Editor

---

Engineering Economics for Environmental Engineers
by Francis J. Hopcroft

Ponds, Lagoons, and Wetlands for Wastewater Management
by Matthew E. Verbyla

*Environmental Engineering Dictionary of Technical Terms and Phrases:
English to French and French to English*
by Francis J. Hopcroft, Valentina Barrios-Villegas,
and Sarah El Daccache

*Environmental Engineering Dictionary of Technical Terms and Phrases:
English to Romanian and Romanian to English*
by Francis J. Hopcroft and Cristina Cosma

*Environmental Engineering Dictionary of Technical Terms and Phrases:
English to Mandarin and Mandarin to English*
by Francis J. Hopcroft, Zhao Chen, and Bolin Li

Momentum Press is one of the leading book publishers in the field of engineering, mathematics, health, and applied sciences. Momentum Press offers over 30 collections, including Aerospace, Biomedical, Civil, Environmental, Nanomaterials, Geotechnical, and many others.

Momentum Press is actively seeking collection editors as well as authors. For more information about becoming an MP author or collection editor, please visit http://www.momentumpress.net/contact

---

Announcing Digital Content Crafted by Librarians

Momentum Press offers digital content as authoritative treatments of advanced engineering topics by leaders in their field. Hosted on ebrary, MP provides practitioners, researchers, faculty, and students in engineering, science, and industry with innovative electronic content in sensors and controls engineering, advanced energy engineering, manufacturing, and materials science.

Momentum Press offers library-friendly terms:

- perpetual access for a one-time fee
- no subscriptions or access fees required
- unlimited concurrent usage permitted
- downloadable PDFs provided
- free MARC records included
- free trials

The **Momentum Press** digital library is very affordable, with no obligation to buy in future years.

For more information, please visit **www.momentumpress.net/library** or to set up a trial in the US, please contact **mpsales@globalepress.com**.